SCIENCE

ZWO YU KEXUE ZHUOTHGANG

少年爱

普及科学知识，拓宽阅读视野，激发探索精神，培养科学热情。

这些发明你也会

吉林出版集团
北方妇女儿童出版社

图书在版编目(CIP)数据

这些发明你也会 / 李慕南,姜忠喆主编. —长春：
北方妇女儿童出版社,2012.5 (2021.4重印)
(青少年爱科学. 我与科学捉迷藏)
ISBN 978 - 7 - 5385 - 6329 - 0

Ⅰ. ①这… Ⅱ. ①李… ②姜… Ⅲ. ①创造发明 – 青
年读物②创造发明 – 少年读物 Ⅳ. ①N19 - 49

中国版本图书馆 CIP 数据核字(2012)第 061653 号

这些发明你也会

出 版 人　李文学
主　　编　李慕南　姜忠喆
责任编辑　赵　凯
装帧设计　王　萍
出版发行　北方妇女儿童出版社
地　　址　长春市人民大街 4646 号 邮编 130021
　　　　　电话 0431 – 85662027
印　　刷　北京海德伟业印务有限公司
开　　本　690mm × 960mm　1/16
印　　张　13
字　　数　198 千字
版　　次　2012 年 5 月第 1 版
印　　次　2021 年 4 月第 2 次印刷
书　　号　ISBN 978 - 7 - 5385 - 6329 - 0
定　　价　27.80 元

前　　言

科学是人类进步的第一推动力,而科学知识的普及则是实现这一推动力的必由之路。在新的时代,社会的进步、科技的发展、人们生活水平的不断提高,为我们青少年的科普教育提供了新的契机。抓住这个契机,大力普及科学知识,传播科学精神,提高青少年的科学素质,是我们全社会的重要课题。

一、丛书宗旨

普及科学知识,拓宽阅读视野,激发探索精神,培养科学热情。

科学教育,是提高青少年素质的重要因素,是现代教育的核心,这不仅能使青少年获得生活和未来所需的知识与技能,更重要的是能使青少年获得科学思想、科学精神、科学态度及科学方法的熏陶和培养。

科学教育,让广大青少年树立这样一个牢固的信念:科学总是在寻求、发现和了解世界的新现象,研究和掌握新规律,它是创造性的,它又是在不懈地追求真理,需要我们不断地努力奋斗。

在新的世纪,随着高科技领域新技术的不断发展,为我们的科普教育提供了一个广阔的天地。纵观人类文明史的发展,科学技术的每一次重大突破,都会引起生产力的深刻变革和人类社会的巨大进步。随着科学技术日益渗透于经济发展和社会生活的各个领域,成为推动现代社会发展的最活跃因素,并且成为现代社会进步的决定性力量。发达国家经济的增长点、现代化的战争、通讯传媒事业的日益发达,处处都体现出高科技的威力,同时也迅速地改变着人们的传统观念,使得人们对于科学知识充满了强烈渴求。

基于以上原因,我们组织编写了这套《青少年爱科学》。

《青少年爱科学》从不同视角,多侧面、多层次、全方位地介绍了科普各领域的基础知识,具有很强的系统性、知识性,能够启迪思考,增加知识和开阔视野,激发青少年读者关心世界和热爱科学,培养青少年的探索和创新精神,让青少年读者不仅能够看到科学研究的轨迹与前沿,更能激发青少年读者的科学热情。

二、本辑综述

《青少年爱科学》拟定分为多辑陆续分批推出,此为第四辑《我与科学捉迷

藏》,以"动手科学,实践科学"为立足点,共分为 10 册,分别为:

1.《边玩游戏边学科学》

2.《亲自动手做实验》

3.《这些发明你也会》

4.《家庭科学实验室》

5.《发现身边的科学》

6.《365 天科学史》

7.《用距离丈量科学》

8.《知冷知热说科学》

9.《最重的和最轻的》

10.《数字中的科学》

三、本书简介

本册《这些发明你也会》内容包括:墙上建个发电厂,大辞海装进袖子里,撒尿"发明家",用油洗手,大象变成鸟,用纸做的钱,假象牙的发明,斗笠降落伞,苍蝇侦探,把 1 变成 8,洗衣机的祖宗,替人写字的机器……这些看起来简单易行、妙趣横生的小发明中蕴涵着无数科学原理。发明是由人人都见过的东西加上人人都没想到的东西构成的。启迪你的思维,并将你的点子变成财富的宝典。处处是创造之地,天天是创造之时,人人是创造之人。你渴望你的智慧之花早日绽开吗? 你渴望你的创造灵感早日到来吗? 那么,请仔细地阅读本书吧;如果你想在未来的人生舞台上做一颗明亮的星,就从现在开始迈出你成才的第一步——认真阅读本书,它将告诉你成就发明之星的方法。

本套丛书将科学与知识结合起来,大到天文地理,小到生活琐事,都能告诉我们一个科学的道理,具有很强的可读性、启发性和知识性,是我们广大读者了解科技、增长知识、开阔视野、提高素质、激发探索和启迪智慧的良好科普读物,也是各级图书馆珍藏的最佳版本。

本丛书编纂出版,得到许多领导同志和前辈的关怀支持。同时,我们在编写过程中还程度不同地参阅吸收了有关方面提供的资料。在此,谨向所有关心和支持本书出版的领导、同志一并表示谢意。

由于时间短、经验少,本书在编写等方面可能有不足和错误,衷心希望各界读者批评指正。

本书编委会
2012 年 4 月

目　录

一、时尚创意发明

二、学习用具发明

三、日常生活发明

一、时尚创意发明

电子象棋

许多老年人喜欢下象棋，但摆棋又太浪费时间，所以我设计了一种电子象棋。当你下棋的时候，只要用手指点一下棋，再点一下到的位置便可以了，当你吃对方一棋时，你的棋便会盖在他的上面。一局下完后按一下重摆，棋就会自动摆好。

象棋是我国的传统国粹，几千年来长盛不衰，深受人们的喜爱。这个创意正是在象棋基础上的一个设计，也是一个大胆设想，表现出了中学生的奇思妙想。

（沙继超）

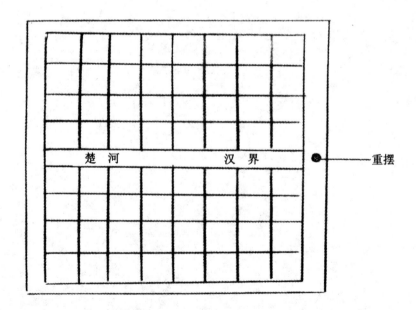

楚　河　　　　　汉　界　　　——重摆

"叶绿体"枕头

你是不是感觉枕头没有弹性，一压就扁，睡起来很累？你是不是感觉睡觉时氧气不足，有缺氧的感觉？那就试试叶绿体枕头吧！

此枕头外形酷似叶绿体，而且具备它的功能——释放氧气。它由枕套和枕芯组成，枕套可任意更换，枕芯内不仅充入海绵，还有橡胶做的"弹簧"（用橡胶做的小盒子摞起来），可伸可缩，满足人们对舒适的要求。小盒子内充有二氧化钠粉，小盒子有气孔，氧气和二氧化碳可随意出入，而粉末则出不来。当人们呼出气体时，二氧化碳被"弹簧"吸收和二氧化钠反应放出氧气，使人睡眠时氧气充足。

若内部二氧化钠用完，可以拆开枕芯，通过"弹簧"内部的细管充入。

这个枕头设计得非常精细，也很有想象力。

（张明钰）

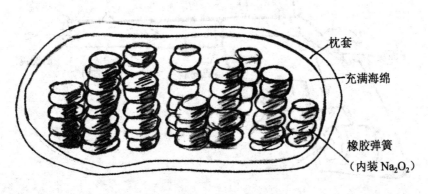

枕套

充满海绵

橡胶弹簧
（内装 Na_2O_2）

内部结构

手枪相机

你可能会有这样的经历吧，当你遇到一件事，想用相机拍下来，但为时已晚；很远的景物总是拍不好……这款手枪相机就可以帮你轻松解决这些问题。再遇到很快发生的事情时，掏出手枪向对象"开枪"，就可以记下图像；而拍摄很远的事物时，可以用"光学瞄准星"瞄准事物"开枪"，整个过程方便快捷。

动作快，调焦方便。不用时盖上盖保护镜头，且成本低。

这是很新颖的相机外观设计，功能也很全面，很有创意。

（张文东）

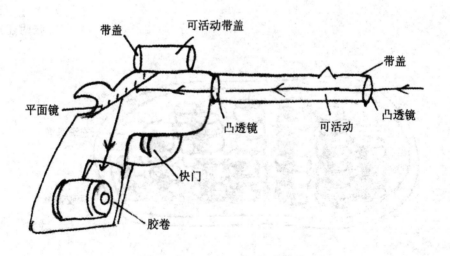

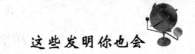

倾斜的花瓶

　　我设计的花瓶，当其装满水时，可以竖立，而随着水分的蒸发，此瓶会不断倾斜，直到平躺于桌面，这样提醒人们没水了，赶快浇花，既美观又实用。

　　这个创意非常有意思，但缺陷在于没有具体的设计方案，只提出了一个创意。

（李星月）

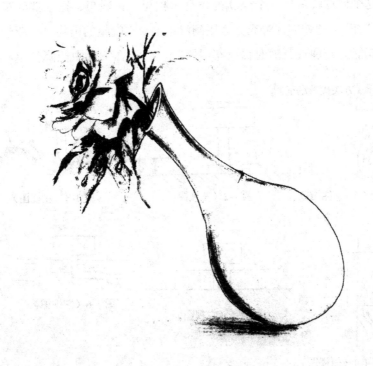

蛇形概念汽车

我是怎么构思出这样一个创意呢？那是在一个夜晚，我躺在床上，苦思冥想，可是一点灵感都没有，突然脑海中显出一个景象：一条眼镜蛇正朝猎物缓缓靠近。我忽然有了灵感：这条蛇的运动方式能不能和汽车结合起来呢？我兴奋得拿出纸和笔，迅速记下这个创意。

随着科技的进步，汽车的形态、性能都发生了变化，有了很大进步。但是我发现：无论汽车如何变化、如何发展都脱离不了它有四个轮子的特征，好像没有四个轮子就不是汽车。

我这个创意就是从一个全新的角度去构思、去联想，把笨拙的车轮变换成一条"蛇"，把蛇的优势充分运用到汽车上，在崎岖的山路上，驱动器的蛇爬行技能能充分展现，随时保持车身平稳，甚至在大风中能降低重心，保持

图样（方块代表汽车）

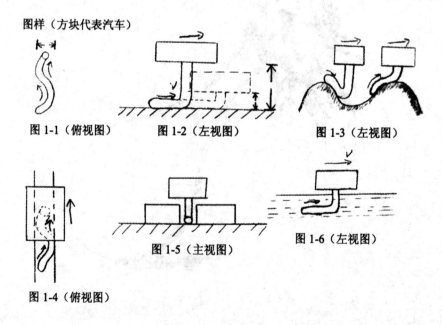

图1-1（俯视图）　　图1-2（左视图）　　图1-3（左视图）

图1-4（俯视图）　　图1-5（主视图）　　图1-6（左视图）

平衡。当普通汽车遇到比其车身狭窄的道路时，就不能通过了，而我设计的蛇形驱动器却能通过左右摆动身体而自由通过。当人们为停车找不到车位而发愁时，这个驱动器可轻松解决。它甚至能像水蛇一样行走在水上，这不就是水陆两用车吗？我设计的驱动器可爬上高山，通过狭窄的小路，在草上也可以健步如飞，神奇不神奇？（在图中，方块表示汽车）

如果将来有人有幸看到公路上飞驰的"蛇"车的话，可不要忘了我啊！

汽车是目前最重要的交通工具之一，但自身的缺点非常多，例如：尾气污染、能源问题、安全问题，等等，这些都期待着人们去改造，去设计。

（常文奎）

概念鼠标

这款鼠标内部结构和普通鼠标一样，但功能和外部造型要优于一般鼠标，主要有以下几点：

（1）不要腕和手臂的移动，只要拇指操控遥控杆来实现鼠标箭头移动。

（2）无需放在桌面上，安装远程导线，能与电脑保持一段距离，从而保护眼睛、减少疲劳。

（3）使用者可根据左右手的不同习惯选择遥控杆在不同位置。

（4）其他功能见图示。

这个鼠标在外观上跟游戏机的操纵杆很相似，在功能设计上更加全面。

（李宏毅）

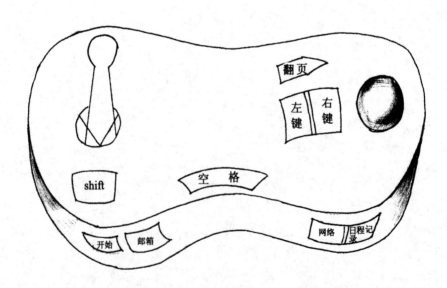

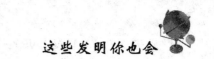

时尚手机

　　如今手机体型较大且设计单调，数字、号码等输入不方便。我想可以将其设计成单耳机状，在其话筒中设计一个辨别人口中数字、语言的机器，可以对话筒说电话号码，自动拨通。

　　手机自发明那一天开始，就在不断的创新之中，新的外观设计、功能设计层出不穷，这也许就是手机的特点吧。这款时尚手机在外观的设计上很新颖，很大胆，也很有特色。

（胡森）

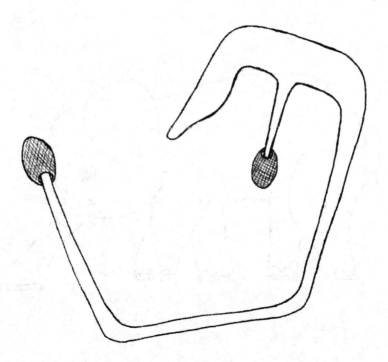

大象吸尘清洗器

　　大象鼻子有强大吸力可以除尘，还可以伸到家具底部，大象脚掌作为刷子来清洗。

　　大象的鼻子能吸水，也能喷水，这个学生正是从这点联想到了吸尘器。再者，用动物的形象作吸尘器的外观设计，也非常有趣。

（周鹏博）

会翻跟头的汽车

前面有一辆车向你快速驶来，左右皆不可避开，你该怎么办？用新型的会翻跟头的汽车吧！在车体下方安装两只机械手臂，轮子中加上避震弹簧，只需要按一下方向盘正中央的按钮，汽车就会翻跟头来避开前方汽车。

这个设计是针对汽车如何避免发生碰撞而做的，整个过程就像是杂耍。以色列发明出了能飞的汽车，相信在未来会有更多的有新意的汽车发明出来。

（王子豪）

可携带复制机

　　生活中，经常需要复印东西，大型机器虽功能齐全，但不太方便。可设计一种功能较单一，可扫描后复制的小型复印机。若想复制时，只需在想复制的纸上扫描一下，然后在纸上轻轻一涂即可完成复制。设计：鼠标型，方便手握；字或图形会按照记录的先后顺序排列在纸上，从而完成打印。

　　将来可能会出现这种小型的复印机，在能源方式上是利用太阳能或使用电池，很适合人们的生活。

（刘寒晓）

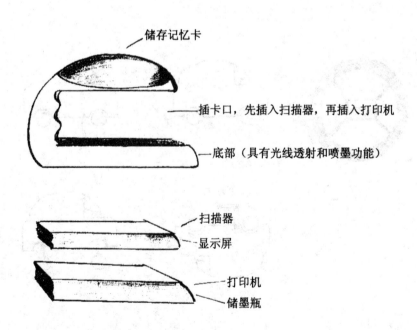

储存记忆卡

插卡口，先插入扫描器，再插入打印机

底部（具有光线透射和喷墨功能）

扫描器

显示屏

打印机

储墨瓶

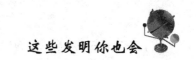

笔形暖瓶

将普通的保温暖瓶做成笔帽形状，非常有创意。

这是新型的暖瓶的外观设计，很有新意。

（刘苗苗）

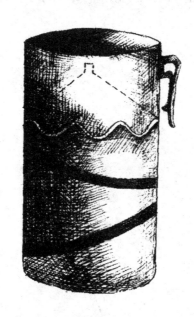

能测距离的标枪

　　运动会上的标枪项目很精彩，但是距离需要人工测量，很麻烦。我想在标枪上安装一个能测量距离的装置，这样就可以使数据更准确，使用也很方便。

　　有了这种标枪，工作人员就不用辛苦地忙碌了，在体育器材里面，可以设计的地方非常多。

（董学）

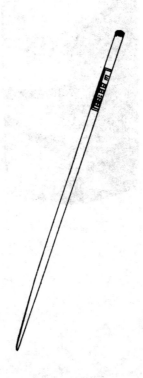

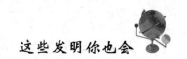

未来的路

展望科技的发展，我想到了未来的路。路是电动的，可以通向任意一个方向。我们站在上面，按手中的遥控器，它便开始向你想去的方向运动，而且速度可以设置。我们可以带一个凳子，坐在路上去上学或其他地方，不用时，一按按钮它就消失了，路又恢复原样，这样极大地方便了我们出行。

这个创意很富有幻想色彩，随心所欲，未来的路可能掌握在我们自己手中。

（郑隆芝）

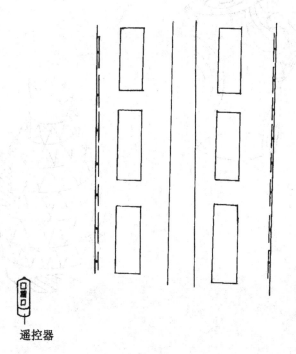

遥控器

创意暖瓶

　　用什么可以做暖瓶的外形？瞧一下我的设计吧！我分别用树桩和菠萝的外观做暖瓶的外观设计，你看了以后，会有什么想法呢？创意就在我们身边。

　　优秀的作品给人的感觉是"眼前一亮"，想象力丰富且极具创意。这种暖瓶的设计打破了暖瓶在人们头脑中固有的印象，是个很好的设计。

（魏玉茹）

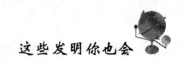
便携伸缩式笔记本电脑

　　笔记本电脑现在越来越广泛，它虽小，但携带仍不方便。如果它能像画家的画筒一样，直接从里面拉出来就好了，这就要求电脑的键盘和屏幕要质软，就像米尺一样自由伸缩，就可以方便携带了。

　　电脑的发展可以说是日新月异，由最初美国发明的三间房子大小的电脑到现在人人使用的台式电脑、携带方便的笔记本电脑，还有小巧玲珑的掌上电脑，无一不透射出人类智慧的光辉，这位同学提出的创意非常有新意。

（李昌键）

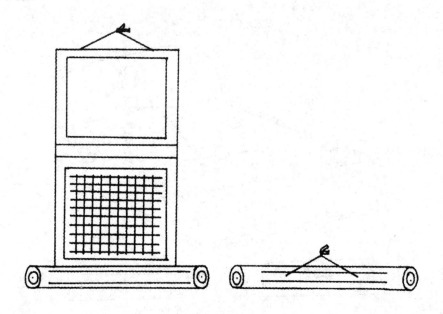

抗懒虫床

这种床是专门为早上赖床的人设计的。床头有闹钟，可以看表、定时，并有灯。定好闹钟，到时间时先是柔和的声音唤醒，并启动床上的压力传感器，若过两分钟后，仍然检测到床上有一定质量的物质存在，则开始发出刺耳的声音，再过两分钟若还有上述物体，床就开始振动，再过两分钟若还不起床，床板就以床尾为轴翻起来，把人强制从床上翻下来。

这种新型的床，在主要功能的基础上，附加了很多功能，设计得也非常有趣。

（王赵晨）

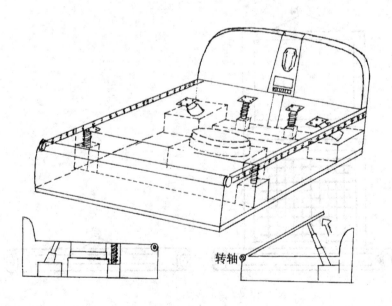

转轴

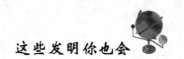
缠在手腕上的手灯

手拿的手电筒容易掉落，而缠在手腕上的手灯就不同了，便于携带，方便使用，还可以当手链，作为装饰品。

好的发明能改变人们头脑中固有的观念，这款手电筒的设计就是这样，手可以腾出来做别的事情，外观设计很新颖。

（李晓松）

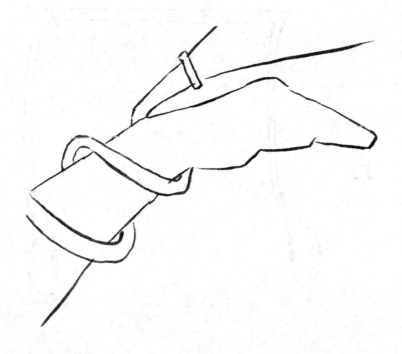

音符耳机

　　将耳机设计成音符状，让人们在看到它时，便联想到美妙的音乐，可以在享受音乐的同时带来更多的乐趣。

　　将耳机设计成音符的形状，充分体现了这位同学丰富的想象力。

（胡森）

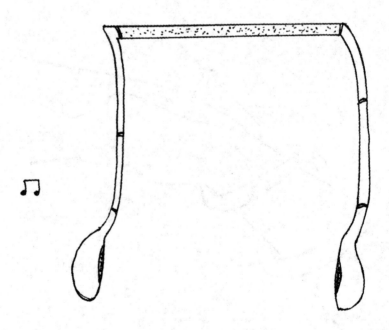

戴在手指上的手机

外形如右图所示，这款手机可戴在左手上，左手大拇指戴"听话器"，用来接受对方的语音信息，左手小拇指戴"对话器"，用来发出自己的语音，左手小拇指上有"微型数字键"，可感应人的右手手指的触摸，以便输入对方号码，这款手机可用小型充电电池，当收到电话时，会自动用音乐提示来电。

（1）外形美观，可作戒指；

（2）体积小，携带方便，不易被盗。

这是一款真正的"手机"，戴在手指上的手机，设计很有新意。

（陈新）

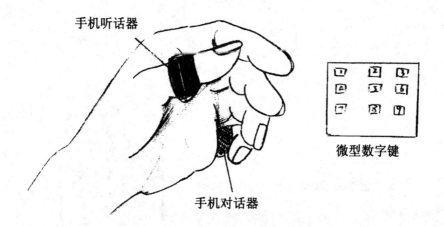

手机听话器

微型数字键

手机对话器

黑夜灯泡

　　有人是典型的"夜猫子"，白天精神不集中，夜晚状态奇好。现在灯泡只能在黑夜中照明，而黑夜灯泡却能在白天发出黑夜的光。打开灯泡，犹如黑夜。这样，人们可以白天安睡，读书人可打开普通台灯看书。

　　爱迪生发明了电灯，并把它推广到千家万户，让人们告别了黑暗，走向光明。但反过来，有没有一种发明能把白天变成黑夜？这是逆向思维的应用。这位同学提出了一种思路，可能他的想法难以实现，但重要的是，他提出了这个问题。

（张明钰）

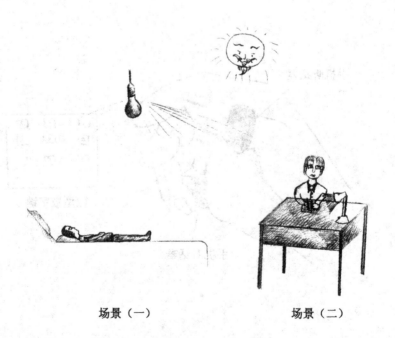

场景（一）　　　　　场景（二）

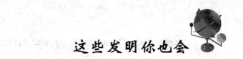

残枝断木

用被砍伐的树木作手掌的外形，既可标新立异，又可提醒人们保护环境。

这是一个很有想象力的设计，提醒人们注意保护树木、不要乱砍滥伐，用残缺的手来代表真是太确切了。

（王赵晨）

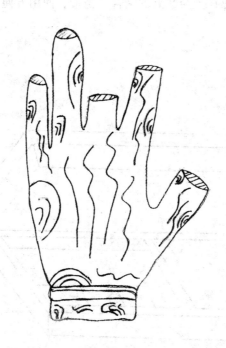

电子词典文具盒

　　此文具盒是个多功能文具盒，可以像普通文具盒一样存放东西，另外还有电子词典的功能，有汉译英、英译汉、英文故事、成语、计算，还归纳了学习中所用到的方程式，把电子词典与文具盒合为一体去解决学习中出现的麻烦。

　　这个文具盒与普通的文具盒差别非常大，不仅仅是放东西，还有电子词典的功能，它的特色在于与文具盒结合，携带、使用方便。

（陈佩）

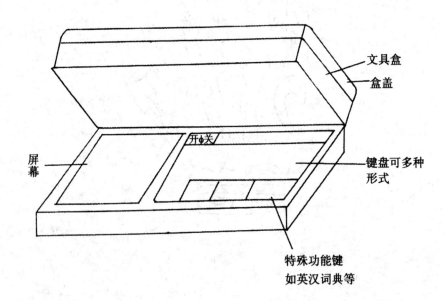

文具盒
盒盖
开关
屏幕
键盘可多种
形式
特殊功能键
如英汉词典等

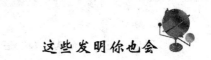
文字喷泉

我设计的喷泉由电脑控制，在电脑中输入文字后，在喷泉中就会显示什么字。

有了这样的"文字喷泉"会使生活更加绚丽多彩。

（魏振堃）

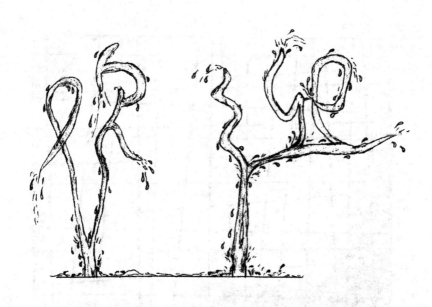

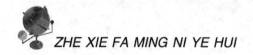
创意棋盘

　　以往方方正正的棋盘让人很习惯，但我设计的这个棋盘改变了以往方正的感觉，可以让下棋的人更加专注于下棋，也会有很大趣味。如果你要下五子棋，可要看清对角线哦！

　　这个设计最大的特色在于打破传统的方方正正，不拘一格。很大胆，也很有创意。

（魏昭君）

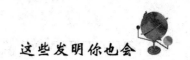

手帕电脑

　　这款电脑的外壳并非传统的硬质材料，而是类似橡胶的一种韧性较好的材料，它形如普通笔记本电脑那样大小，但已分离的屏幕和厚度较小的键盘均镶嵌在上，可以像手帕一样方便折叠、携带。在手帕电脑的四个角上有4个小巧的金属环，可以挂住显示屏旁的两个环立起来使用，也可以平铺使用或将4个环全挂住使用，非常随心。

　　很有创意的电脑设计，与生活联系紧密，外观设计生活气息浓厚。

（郭晓菲）

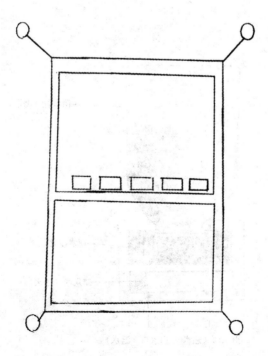

海水淡化饮水机

　　该创意是关于海水淡化问题的，因为大型的工业淡化海水受外部条件限制大，该饮水机主要由储水桶（海水）、海水淡化装置、储水槽（淡水）三部分组成，这样的新型饮水机可以直接淡化海水以供饮用，从而减少对淡水的消耗，缓解饮用水短缺的压力，而且这样的饮水机体积小巧，结构简单，便于普及使用。

　　我国的淡水资源非常有限，如何才能得到更多的淡水是关系到国计民生的大问题。这个创意想到了海水的淡化，采用的却是人人都熟悉的饮水机，灌进去的是海水，出来的却是淡水，很有创意的一个想法。

（王祥逵）

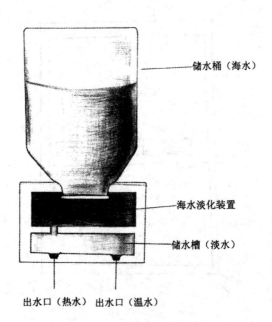

储水桶（海水）

海水淡化装置

储水槽（淡水）

出水口（热水）　出水口（温水）

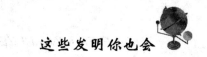

眼镜摄像机

生活中的每一秒都值得留念，把他们摄成相片是最好的纪念，可我们总不能随身携带摄像机吧，现在的摄像机不仅体积大，而且很沉重，时间久了，让人受不了。我的这个创意是将摄像机分成两部分：背包和眼镜。背包可背在背上，戴上眼镜，走到哪就拍摄到哪，这样方便极了。

"找缺点法"是在发明创造中经常用到的方法，方法的原理是当你在生活中遇到使用的物品不方便，给你带来麻烦的时候，找一下造成麻烦的原因在哪，再想办法解决。这个"眼镜摄像机"就是一个很好的例子。

（张文东）

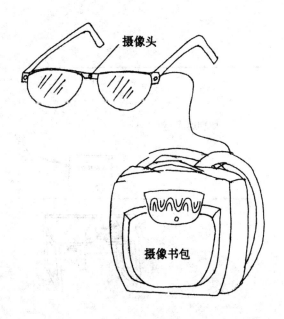

摄像头

摄像书包

家中的"电影院"

　　我们常常在电脑上看电影，但电脑屏幕一般都很小，不能满足视觉上的需求。这种电脑跟普通的电脑没什么不同，大小也一样，只不过它是安在墙上的，当你在看电影时，只需轻轻一按，电影就会影射到后面的墙上，让你在家中也能享受到在电影院一样的乐趣。

　　这是一个很优秀的创意，出发点也很简单，就是改变一下在电脑上看电影的方式，得到更完美的视觉享受。可能在不久我们看电视、电脑的方式在某一些场合会发生改变，变得更加美好。

（杨霄）

加勒比海盗

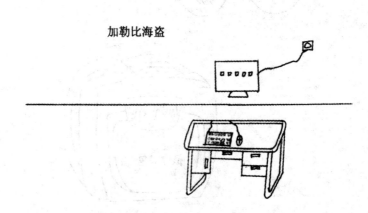

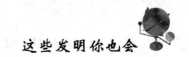

蛛网喷剂

　　屋子长时间不打扫，在墙角就会有蜘蛛网，虽然脏乱却有捕虫作用。所以可用蛛丝的组成物质，合成一种人工蛛网，可让它有不同的形状和颜色。只要一按喷剂按钮就可以形成一张蛛网，比一般的杀虫剂更起到环保的作用。

　　蛛网经常看到，又脏又难打扫。这个同学突发奇想，何不利用一下，把它的原理移植过来，达到我们捕虫的目的。"移植法"是进行发明创造常用的方法，就是把某一事物或领域的原理、结构、功能、方法、材料等转移到另一事物或领域中去进行发明创造。

（刘寒晓）

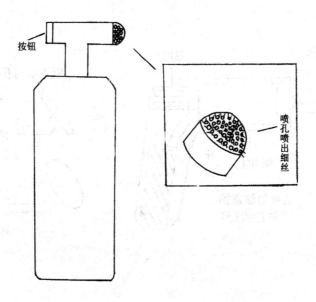

按钮

喷孔喷出细丝

掌上吸尘器

　　家用吸尘器一般都比较大，且噪声也很大，还必须插电源，这样就受插头位置的限制，因此，我设计了"掌上吸尘器"。吸尘器共由六部分组成，透明外壳，便于观察灰尘的储量，动力由电池提供，内置一个吸尘电机，通过连接管将灰尘吸入可抽拉的灰尘储蓄筒，使用前先检查电池是否安装好，然后选择吸尘头，最后将吸尘头对准需清理的区域，打开开关即可。

　　大的物品可以缩小，小的物品可以扩大，这种方法在创造发明里面被称为"扩大法"和"缩小法"，通过改变形态的大小来达到使用方便的目的。这个小型的"掌上吸尘器"就是这种方法的应用。

（马洁心）

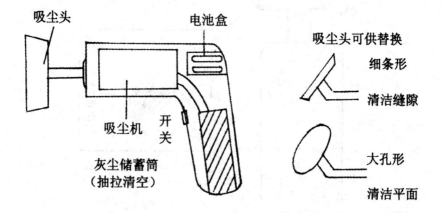

吸尘头　　　　　电池盒

吸尘头可供替换

细条形

清洁缝隙

吸尘机　开关

大孔形

灰尘储蓄筒
（抽拉清空）

清洁平面

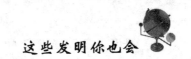
带验钞机的眼镜

对于长期接触高面额纸币的人来说，验钞机必不可少，我的设计是将验钞机与眼镜结合起来，使用起来会更方便。

眼镜是大家很熟悉的，但眼镜的功能比较单一，这个同学是在眼镜主要功能的基础上另外附加了"验钞"的功能，这样功能加强了，这是主体附加法的运用。主体附加法的原理在不改变主体或略改变主体的前提下，通过增加附件来弥补主体的缺陷；或通过增加附件来实现对主体的希望，主体在经过增加附件后，发挥新的作用。

（侯慧君）

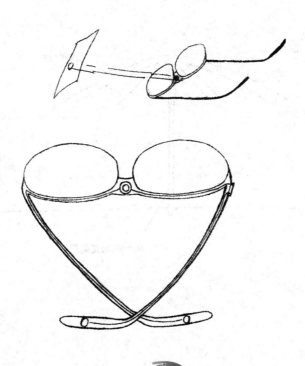

隐光灯

有时候开灯会影响别人休息，使用隐光灯可解决此问题。晚上在宿舍里看书，隐光灯拥有与伞类似的外形，但呈篷状，可掩盖大部分身体，撑开伞，打开按钮，安装在支撑架上的灯柱就会发光，同时伞篷挡住光线，不会给他人造成影响。

很有特色的一个设计，不影响其他人，还不耽误学习，一举两得。

（郭晓菲）

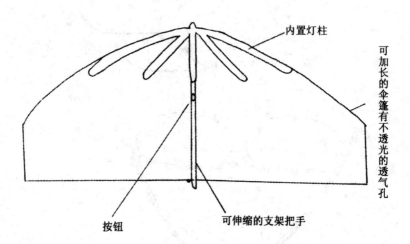

内置灯柱

可加长的伞篷有不透光的透气孔

按钮

可伸缩的支架把手

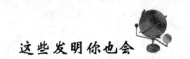
飞行话筒

主持人主持节目，当有观众回答问题时，由于话筒不方便，通常只有前排的观众才能回答，后面无法回答。我设计的话筒安装上飞行机翼，内部有电路板，可用遥控器来控制飞行方向，从而可以让后面的观众回答问题。

这个创意非常有意思，对话筒提出一个希望，希望在人特别多的场合每个人都有机会发言，普通的话筒很难做到这一点。针对这个问题，解决的方案有很多，现在也有很多新型的话筒设计出来，你也可以设计。

（高玉玺）

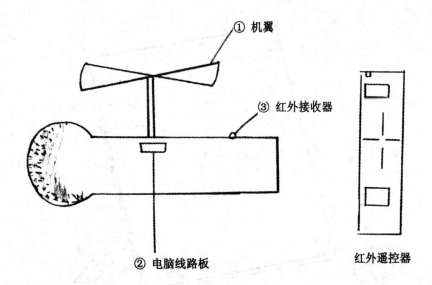

① 机翼
③ 红外接收器
② 电脑线路板
红外遥控器

知心镜子

现在的镜子虽然样式多样，但仅是一种定了型的平面镜，功能单一，我想设计的是一款可调节焦距的镜子。可通过调整转动按钮来呈现不同大小的物像，让自己分别了解近处、远处的自己是怎样的形象，以便更好地装扮自己，也可调节看到朦胧像、清晰像。总之，想看什么样的都可以看到。

看了这个同学的创意，感到我们经常用的镜子有很多的缺陷，这些缺陷正是我们进行设计的起点。

（訾朋）

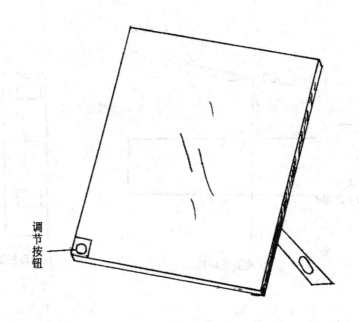

调节
按钮

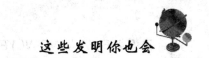
掌上地图器

外出旅游，经常迷路，我的这个创意可以解决这个问题。该掌上地图器不仅可以看到任一地方的地图，而且配有相关文字介绍，当人身上带有配套芯片时，可从该图中找到带芯片人的具体方位，防止迷路。

有了这样一个"掌上地图器"，到异地去旅游会很方便。

（王永恒）

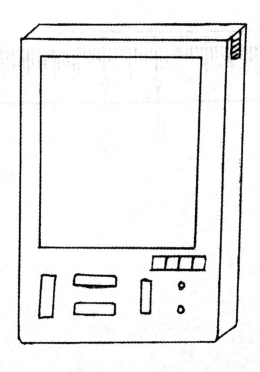

时间长度

时间也可以量度，将时针、秒针安置在尺子上做成新型尺表，可以挂在墙上，一定与众不同而且提醒你时间是有限的。

常用的、常见的钟表都是圆形的，这个尺表一反常态，将表设计成"尺"状，并和珍惜时间相结合，充分体现了中学生丰富的想象力。

（张洋）

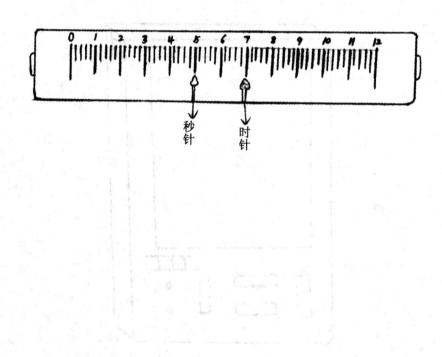

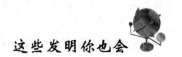
价格显示购物车

在车的把手部加一总价指示器，指示器可用计算机与磁性输入器结合而成，购物时，将所购物品条形码在指示器上擦一下顺便就放入车中，可随时观察自己所购物品的价格。

有时在超市买东西，会遇到这样的情况：付钱时才发现买的物品多了，将多余的物品放回去又很麻烦，有了这种能显示价格的购物车就方便多了。

（侯璐璐）

价格指示器

"绿"帽子

  21 世纪讲的是保护环境，利用可再生能源——绿色能源。我设计的"绿"帽子主要材料由太阳能电池板、充电电池、USB 接口构成，既时尚又环保。

  绿色能源是现在人们考虑较多的问题，太阳能是重中之重，它的利用更是方方面面，这个帽子巧妙地利用了太阳能。

（胡大伟）

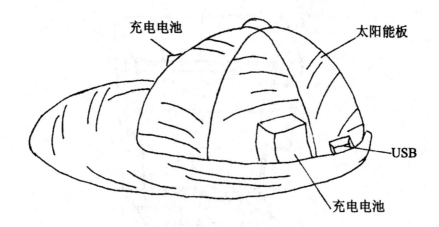

充电电池　　太阳能板　　USB　　充电电池

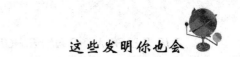
变换客厅

　　窗外的阳光有时会造成电视反光，影响收看。如果将电视和沙发放在一个类似转盘的大型地板上，可随意变换角度，就避免了这个问题，这样并不需要拉上窗帘，既有益又有趣。

　　看电视反光是大家经常遇到的情况，拉上窗帘固然可以解决，但又会带来新麻烦，这个问题如何解决才好？这位同学将餐桌上的转盘"移植"了过来，很灵活地解决了这个问题。

（张洋）

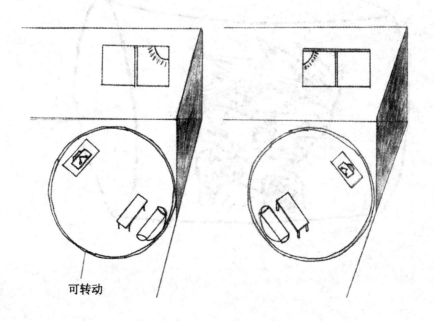

可转动

思念抱枕

　　这款抱枕存储了你要好的朋友、挚爱的亲人和最崇拜的明星的照片，切换按钮会使你最思念的人立刻来到你的身边。

　　一款普通的枕头赋予了人们更多的内涵，有了这样的枕头，相信你的生活会更幸福。

（周鹏博）

按钮

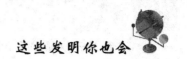
盲人导航仪（胸针型）

我看到在许多轿车上安装有倒车雷达，使轿车免于撞上障碍物。所以我就想，可不可以运用倒车雷达的原理来制作专为盲人导航的导航仪呢？工作原理：当导航仪与障碍物距离小于 3 米时开始发出"嘀"的警报，随着距离的缩短，"嘀嘀"的警报声的频率越来越快，用来提醒盲人前面的路上是否有障碍，此导航仪只有胸针般大小，使用方便，效果很好，能为盲人的生活带来很多便利。

这个设计是移植法的典型应用。

（李应心）

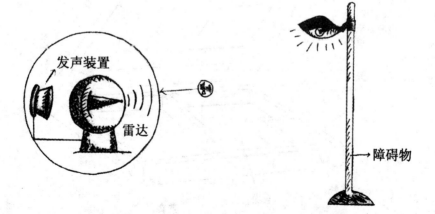

手提冰箱

人们在夏季去旅行或野餐时携带的食物容易变质，我设计的手提冰箱中可以存放一些易变质的食物，造型和手提电脑一样，可以用电池或电源供电，由于容积相对较小，耗电量也少。

这个创意可以使人们的生活更方便，也是应用了"缩小法"。

（张硕）

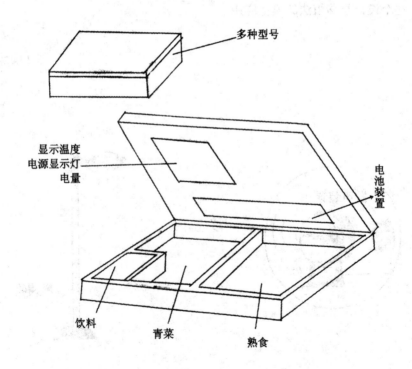

多种型号

显示温度
电源显示灯
电量

电池装置

饮料

青菜

熟食

二、学习用具发明

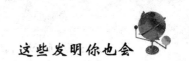

在床上的看书架

许多人在睡觉以前喜欢躺在床上看书，一会儿胳膊和手就会很酸，还有一些卧床不起的人喜欢看书，但无法看。为此，我设计了这种看书架，它的原型就像可以伸缩的蛇皮管台灯，只是将灯换成一个塑料板，两侧和上下部位有固定的夹子，夹住书。看书时将书架放在床上，由于是蛇皮管，所以高度方向可以随意调节，便于读者的需要。

这种书架是专门为躺在床上看书的人设计的，可以把人的双手解放出来，如果能自动翻页，效果就更好了。

（陈芳洁）

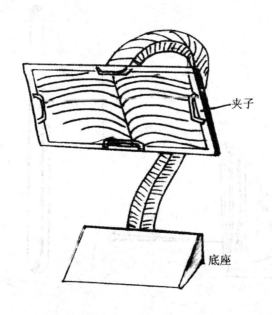

夹子

底座

新型书包

　　每次放学回家，同学们都把书包放在楼道的空地上，地上不干净，很容易将书包弄脏，我设计的书包上有一个铁质的支架，放书包时，可将铁架打开，放在地上，这样就可以预防弄脏书包。

　　好的创意不一定多复杂，而是看设计得巧妙不巧妙，尤其对于学生而言。这个创意就是这样，针对地面不干净，容易把书包弄脏这一个设计点进行设计，很简单实用。

（李晓松）

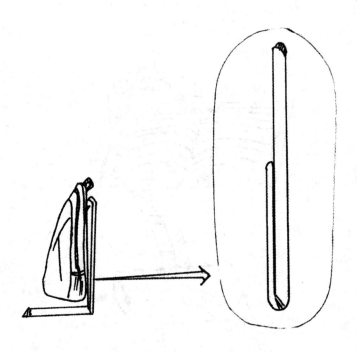

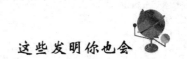
棒状手电筒

传统的手电筒只能向前照，并且照明范围有限。

现在部分住校生回到宿舍后学习，躲在被窝里特累。特别是在做题时，人在床上，左手拿着灯，右手不仅要支撑身体，还要写字，非常不舒服。把手电筒横放看得少，用矿灯又会被老师捉住，且光线太强，刺激眼睛。

本手电筒与日光灯相似，可向四周发出光线，放在床上可以照亮很大的范围，这样就可以腾出右手支撑身体。防护罩又可以避免压碎手电筒。光线不刺眼，十分舒服。

另：演唱会当"荧光棒"，非常出效果。

这是非常有创意的一个手电筒，一改传统手电筒的外形，设计成棒状，并且外形的改变，也带来了功能上的变化，想象力很丰富。

（王子豪）

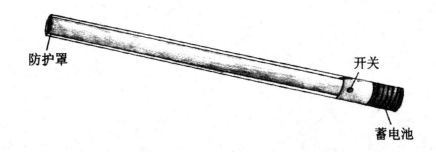

防护罩　　　　　　　　　　　　　　　开关

蓄电池

新型橡皮

　　每次用橡皮擦东西都会留下一些橡皮屑在纸上，再去清理既浪费时间又擦不干净，我设计了一种橡皮擦，既能擦除笔迹又能迅速处理留下的橡皮屑。

　　这是一种新型橡皮的设计，在功能上更加完整，使用更方便。

（王浩然）

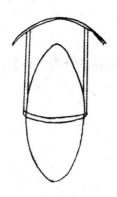

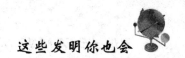

手腕笔袋

去别的教室上课或去考场时，拿笔袋又拿着书很麻烦，有了这种手腕笔袋，就可以空出手做其他事情了。

生活中的不方便往往是我们进行设计的出发点，很多人找不到设计的课题，其实很简单，在日常生活中遇到不方便了，试着找一找原因，可能一个好的课题就在其中了。

（李东泽）

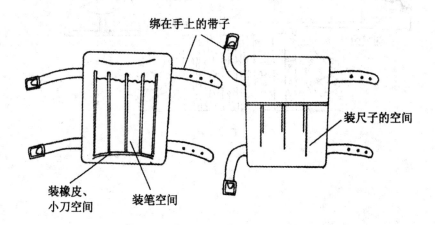

绑在手上的带子

装尺子的空间

装橡皮、小刀空间　　装笔空间

书立地球仪

　　我设计的新型书立是将书立与地球仪结合，既实用又美观，更减少了空间。

　　这是一种新型书立设计，两边附加上地球仪，既可以学习，又增加了美观性。

（杨照通）

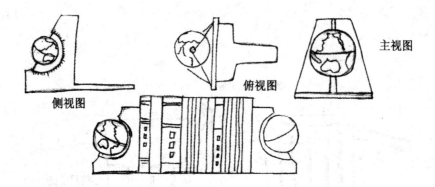

侧视图　　　　俯视图　　　　主视图

无影台灯

在普通的台灯下，人们学习时会产生影子，影响学习效果，而我设计的这款台灯就解决了这一问题，如图所示。

这是新型的台灯设计，他找到了使用普通台灯的缺点，应用类似手术灯的构造，设计了更实用的台灯。

（孙彤舟）

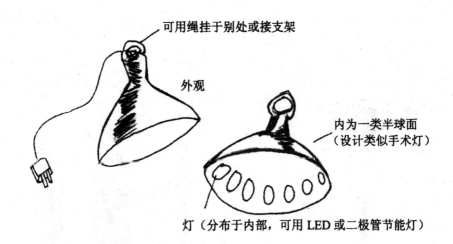

可用绳挂于别处或接支架

外观

内为一类半球面
（设计类似手术灯）

灯（分布于内部，可用 LED 或二极管节能灯）

读书手电架

有时晚上家里停电或是住宿的同学在熄灯后挑灯夜战，必须用到手电筒。这一新型手电架结合压书页的小书夹，上端有一可调节大小的圆圈，将手电固定在内部，放在书页间，中间用可调节长度的细杆连接在小书夹上，一只手便可既固定书又固定手电，另一只手做笔记。

学生时代有许多发明与这段难忘的经历有关，这个设计就是怎样才能在停电时或晚上熄灯后再学习一会，是一个很有趣的设计。

（蘧金凤）

多功能地球仪

为了培养我们的创新意识和创新实践能力，学校开设了创造发明课，其中我学到了一种方法"找缺点法"，我的好几个发明都是运用这种方法找到的，有一次在上地理课时，老师用地球仪讲解了地球的表面构成、大洋和陆地的分布，还有我们的国家在地球上的位置。当讲到地球内部情况时，老师放下地球仪，而是将挂图挂在了黑板上，挂图上有地球的剖面图，老师讲得很仔细，但我还是认为不够直观，不形象，还有没有更好的演示方法呢？突然，我看到了放在一边的地球仪，能不能在这个地球仪上做做文章？我们见到的地球仪都是内部中空的，能否将它利用起来呢？我们找来了材料，为这个地球仪安装了内脏，新的地球仪就这样诞生了。

新型地球仪除了具备普通地球仪所具备的一切功能外，还具有以下三个特点：

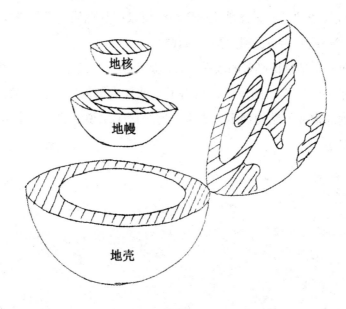

地核

地幔

地壳

（1）内部空间的利用。普通地球仪只是一副空壳，只表现地壳的形态，而新型地球仪使自身有了"内涵"，它分层展现了地球的内部结构——地幔和地核，全方位展示了地球，使人们对地球的了解更深入、更直观。

（2）可拆装的设计。可拆装的设计让使用更方便，对地球结构的了解更透彻，提高了实用性。

（3）经纬线的标识。普通地球仪经纬线较细且色浅，不易查找，而新型地球仪将0°经线和赤道加粗加深，易观察。

地球仪是上地理课必备的教学用具，从小学一直到中学每个人都很熟悉，这个设计是一个很成功的设计，利用了地球仪内部的空间，将其充分利用，完美地把地球内部的结构展示了出来。这个例子也说明这样一个道理：创新就在我们身边。

（景元凤）

安全书包

晚自习放学一般比较晚，司机看不清楚很容易发生危险，如果在书包上涂上反光材料，灯光一照就会闪闪发光，警示司机前方有人，这样就可以大大加大安全系数。安全书包可使学生夜间行走更安全。

晚上学习时间比较长，放学也很晚，安全可以说是一个大问题，这款书包是从安全角度来解决这一问题的，书包加反光材料就组合成了安全书包，大大提高了安全性。

（景元凤）

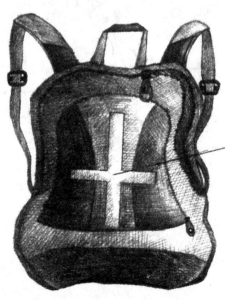

反光材料

联合文具

　　这是一种特殊圆规，顶部是一橡皮擦，一翼上有可伸缩的尺子，另一翼是可放任何笔的旋转螺丝帽组合。

　　将已有的一种或多种物品进行巧妙的组合，构成新的物品的发明方法叫组合发明法，这种方法是进行创造发明活动常用的方法，组合法可以是同物组合、异物组合，也可以是主体附加。联合文具就是这样一种组合的发明。

（刘苗苗）

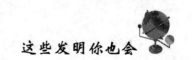
多功能课桌

随着学习负担的不断增加，课本在课桌上要放很高。为了使课桌更好用，我设计了多功能课桌。（如图所示）

这个桌子的设计很有特色，用起来也会很方便。

（董佩兹）

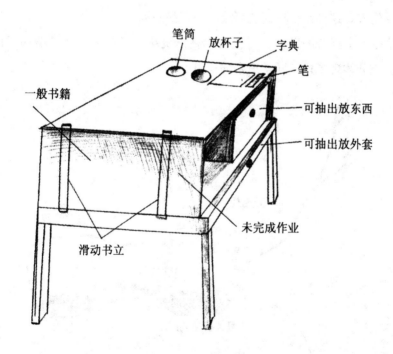

枕头复读机

枕头复读机是专为住校生设计的。在学校里休息时不让听 MP3、复读机等，这给一些学习外语困难的同学带来了麻烦。而我设计的这个枕头不仅能在休息时听，还有按摩功能，并且不会打扰别人，是一个多功能枕头。

在枕头的表面安装了按摩系统，可帮助失眠的同学入睡，也可听英语、音乐等，它不需要磁带，里面有特定的内容，存储量大，有很大的选择空间，它可用手柄操纵，戴上耳机即可。这种耳机里有特定的保护系统，不会对耳朵造成伤害。这种系统里面还可接收到广播新闻。

这是一个组合的发明，将枕头和复读机结合了起来，并且增加了许多的功能，充分体现了这位同学缜密的构思。

（孙秀）

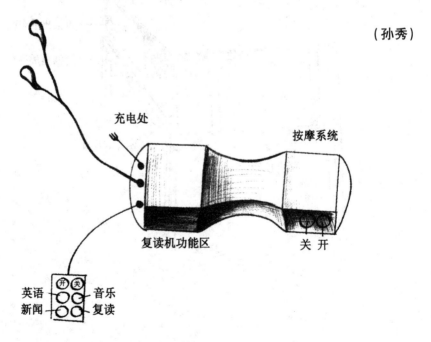

充电处

按摩系统

复读机功能区

关 开

英语 开 关 音乐
新闻 复读

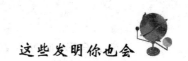
文具盒订书机

在文具盒内安装一小型订书机，使用时将书本夹在文具盒盖与盖体之间，开关文具盒即可。

这个创意特色在于与文具盒相结合，通过文具盒的开关就可以钉书本，充分体现了这位学生丰富的想象力。

（李永增）

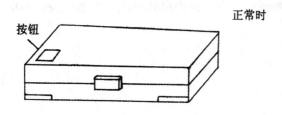

正常时

按钮

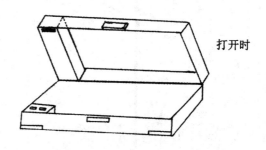

打开时

多功能书签

本书签不仅具有传统书签的功能，还开发了其他新功能。

读完书后，将 b 部分塞进书中，a 部分露在书外，圆珠笔或钢笔等可以利用笔卡卡在 a 部分，便于读书时做笔记，而且当把书塞进书橱中后可以利用露在外面的 a 部分轻松将书抽出。读书时，把 a 中的笔抽出来，b 可以起到尺子的作用，以便于画下书中重点，若把手指塞进 a 中以固定书签来画线，用起来会更加方便。

书签的功能不仅仅是便于看书，就像曲别针的功能不仅仅限于别东西一样。从物品固有的、主要的功能中，开发出其他的、更加新颖的功能，也是发明家、科学家的任务。

（李哲）

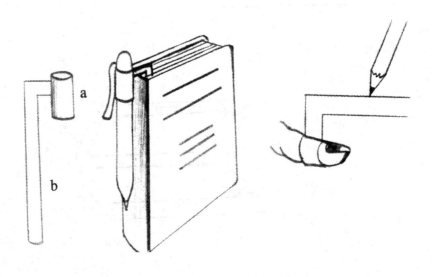

太阳高度角测量仪

选题目的

如何测某地的正午太阳高度角？如果用常规方法，就要在正午时分测得垂直于地面的木杆及其影子的长度，再通过三角函数计算其角度。让我们来分析一下其中的不足之处。

第一，你必须保证这根木杆绝对垂直于地面，这里可能产生误差；第二，实验中要测量长度必有误差；第三，计算可能会出错；第四，测量过程需要多名同学合作，费时费力。

最重要的一点，你要保证测量时间恰好是正午时分。那么，你的手表要和北京时间分秒不差，再通过地理知识计算当地正午时的北京时间。期间还要明确知道测量地点的纬度，步骤繁琐。

研究思路

怎样才能简单而又准确地测量正午太阳高度角呢？经过思考，我制作了

此测量仪。其中的指南针帮你找到太阳的方向，当太阳位于正南时，便是正午时分。简单操作一下木棒，当影子最小时木棒与太阳光平行，这时就可以读出固定在木棒上的表盘读数。操作简单，误差小，测量结果直观。

经过专利检索等途径，我并没有发现一种仪器可以准确简单地测量太阳高度角。经过思考，我制作了这个测量仪。

使用方法

它由两个底盘，一个木支架，一根木棒和一个表盘组成。大盘上固定着一枚指南针，并标有东西南北的方向。通过指南针使大盘正确指示东西南北而固定。转动小盘，使木棒指向太阳，此时小盘上的指针所指的就是太阳的方向。当太阳位于正南时即正午时分，调节木棒角度，使它的影子最小。此时木棒与太阳光平行，固定在木棒上的表盘显示的就是正午太阳高度角。

这是一件实用性非常强的发明作品，用它可以轻而易举地测出太阳高度角，给教学带来方便，从中也可以看出学生无穷的创造力。

（宁纪功）

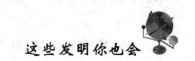

无穷长直尺

当所画长度大于某尺量程时可用此尺。固定中部滑尺在纸上，把尺子向右推动到新位置，可再按住尺子继续画线。避免了长线的断断续续及不直，也可以较精确地测量长度。

通过移动内部来达到移动尺子的目的，虽然简单，方法却非常的巧妙。

（索今召）

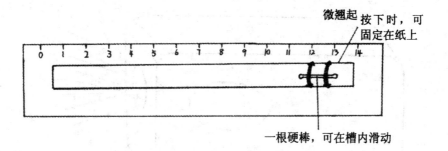

微翘起 按下时，可固定在纸上

一根硬棒，可在槽内滑动

带灯的橡皮

当在宿舍打手电看书时，不如用带灯的橡皮，既可以照明，又不用在写错字时左翻右找。

这个设计既可以是新型的橡皮，也可以是新型的手电筒。将大家都很熟悉的物品结合起来，就是一件很有创意的小发明。

（李震）

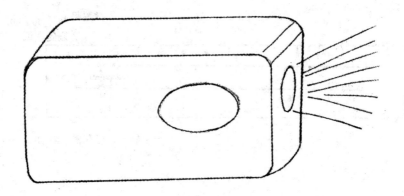

联合桌椅

当我们写字疲惫后，往往会躺在椅子的靠背上，但写字时，就会感到更加疲劳，假若桌子可随靠背一样活动，那我们就可以躺在靠背上写字了。我设计的座椅就可以躺着写字，用起来很舒服。

这是一款新型的桌椅设计，不仅适用于学生，对于企业、公司的职员同样适用。

（王富彬）

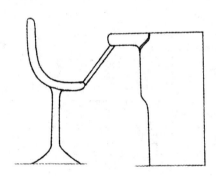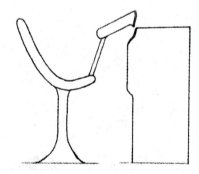

可以"启钉"的订书机

订书机可以将我们日常的资料装订成册。但有时候需要将钉子取下来，如果在订书机的尾部装有一个可以启钉的小工具就不用再找其他工具了。

在创造发明里面有一种方法叫"互克法"，互克就是相互克服、自相矛盾的意思，将矛盾的双方巧妙地组合在一起，就构成了一件发明，例如羊角锤、带橡皮的铅笔等，这位同学的发明就应用了"互克法"，让订书机用起来更方便。

（解姣姣）

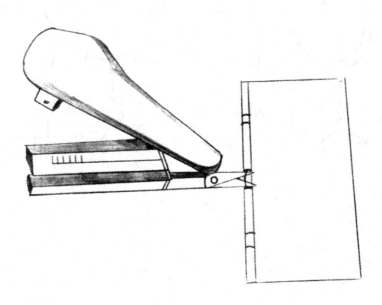

摩天轮书架

　　本创意在外形与结构上与传统的书架有很大不同，模仿了摩天轮的结构，把一个大转盘固定在底座上，转盘上分布若干个吊篮，每个吊篮都放上书，这种书架不仅美观而且实用，高处的书若够不到，可以转到下方，方便取放书。

　　这是个很有特色的书架设计，一改传统书架呆板、单调的形象，将摩天轮的结构移植过来，设计出活泼的、有创意的书架。

（于承霖）

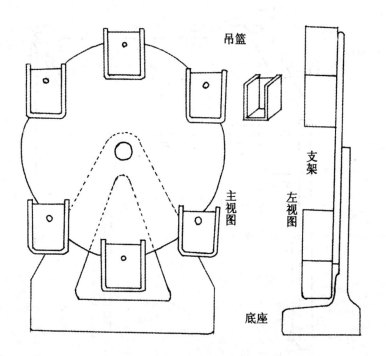

吊篮

支架

主视图

左视图

底座

会发光的桌子

晚上写作业要开灯，很麻烦，所以我设计了会发光的桌子，将桌子和灯结合在一起，既有创意又有趣。

这是一种新型的桌子，运用了组合的发明，将桌子和灯结合在一起，发挥更大的作用。

（董佩兹）

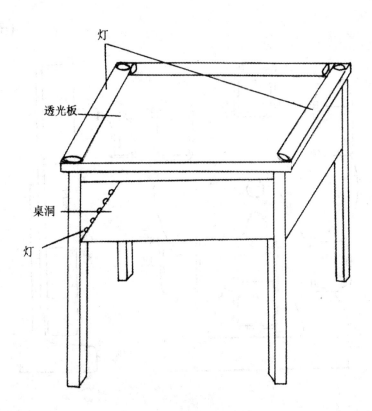

灯

透光板

桌洞

灯

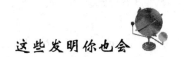

方便墨水瓶

钢笔水快用完时，由于钢笔尖有一定长度，吸不到墨水，会造成浪费。所以设计这样一种墨水瓶，该瓶的底面是平的，但内部是一个倒置圆锥形，刚好放入钢笔。

生活中的常见问题，通过一个小小的设计就完美地解决了。

（王婧菲）

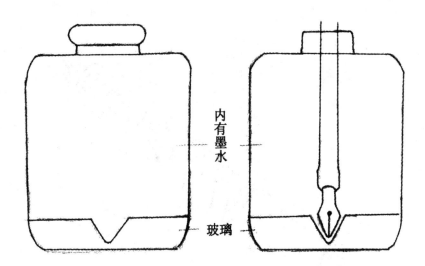

内有墨水

玻璃

时间笔

有时候写起作业来就忘了时间。可以把笔和表结合起来，提高学习效率。

这个创意是典型的组合法发明，笔可以与表结合，我们运用一下发散思维，笔还可以与什么结合？表还可以与什么结合？

（王富彬）

多功能背包

在书包的背带上安上一个固定东西的孔，当下雨时，可以将伞插在孔中固定好，这样，双手就可以自由活动了。

通过一个小小的设计，就解决了生活中的不方便，把双手解放了出来。

（程圆圆）

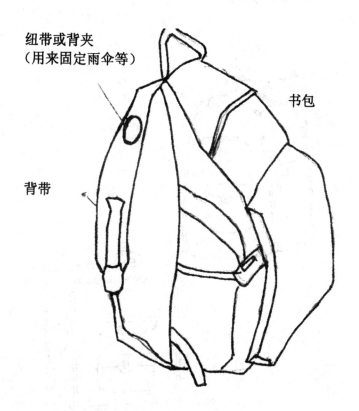

纽带或背夹
（用来固定雨伞等）

书包

背带

板凳书包

现在我们背的书包，比较实用，但只能盛放一些用品，如果走了很长的路，背个大书包很累，要休息却没有板凳，所以我设计的是在书包边缘处，留几个中空的小圆柱，再放几根可折叠的铝合金棒，当使用时，把铝合金棒插入小圆缝中，组成板凳，不用时，将棒折起，随时放入书包。

背包可以变成板凳，板凳也可以变成背包，通过这样的变换就可以让生活更方便，这就是创造发明中的"变变法"。

（王烁）

组合笔 1

在笔的后端安一挖耳勺，与笔相结合。

这个创意运用了组合法进行发明。

（王宏）

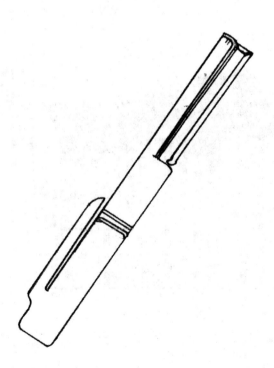

新型书立

　　书立只能用来夹书？不，如果在书立一端进行设计就可以用来放东西，比如插笔、放橡皮等，起到文具盒的作用，这样拿东西就方便了。

　　这是新型的书立设计，还开发出了书立更多的功能。

（解娇娇）

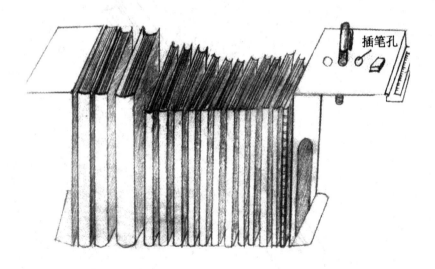

插笔孔

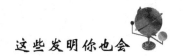
防遗忘文具盒

　　本发明专为考试设计。考生往往到考试时丢三落四，会影响到情绪，本设计列出考试时所需的文具，只要按文具盒指定位置放好，就可以安心考试了。

　　这个设计并不复杂，就是把考试必需的文具组合起来做一个文具盒。这个文具盒不仅能放文具，还能起到提醒考生的作用，检查一下文具是不是带全了，这才是它的特点所在。

（李应心）

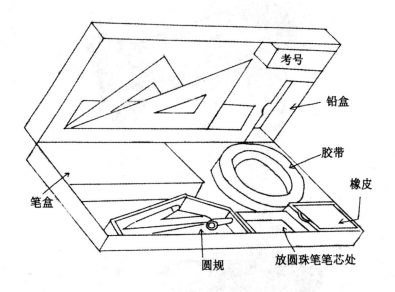

电池式台灯

平时在家做作业都用台灯，可没电怎么办？当然可以用蜡烛、手电筒凑合完成，我设计了电池式台灯。

此台灯样式与台灯相同，也可以看成手电筒与灯座的结合，但用电池。通过活动转钮可以调节台灯的倾斜度，换电池时打开底盖即可。灯管和台灯的灯管一样，用护视力灯等，使用方便，可随身携带，也可当手电筒用。

这是在特殊的场合应用的设计，非常有意思，很有趣。

（李锦佳）

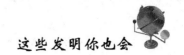

"心型"订书机

现在的订书机，钉出来的样子都是一样的，不具有美观性。这种新型订书机以通过调整，使钉出的形状多样化，如图，钉出来的是一款心形图案。

传统订书机钉出的单调形状可以设计一下，让它更加美观、活泼。

（魏振堃）

多功能课桌

随着学习任务的不断增加，课本在课桌上要放很高。为了使课桌更好用，我设计了多功能课桌。

课桌是学生的伙伴，天天跟学生在一起，也成了同学们的设计对象。这款课桌在保留了常用功能的基础上，又根据需要增加了其他的功能，用起来更方便。

（时俊峰）

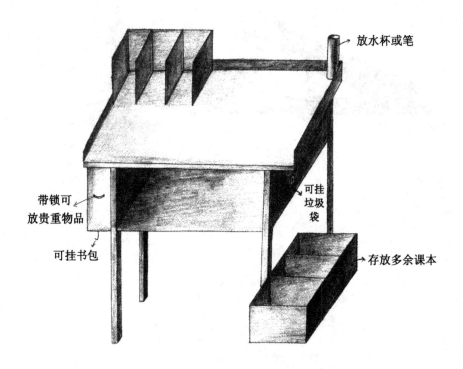

放水杯或笔

带锁可放贵重物品

可挂书包

可挂垃圾袋

存放多余课本

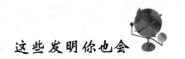
聪明的订书机

有时订书机的钉子会在不知不觉中消失，如果在钉书机上安一个计数的显示屏，向我们显示机内还有多少钉子，不失为一个好办法。

用订书机钉东西的时候，经常遇到这种情况：里面没有钉书钉了，还必须打开订书机才能知道，很麻烦。有了这样一种订书机，使用起来就方便多了。

（张洋）

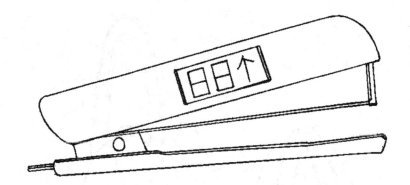

新型背包

　　现在学生的书包很重，上学放学路上很不方便，我设计的新型背包可将背包下方的小拉链打开，滑轮拿出，将背带拉长，拉着背包走。

　　这个设计是将旅行包的滑轮设计转移到学生的背包上，解决书包太沉的问题。

（王健）

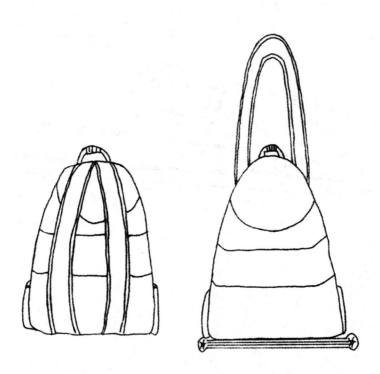

组合笔 2

在笔的后段安一小刀，与笔结合（设有刀槽），小刀不会丢失而且使用方便。

这是一个组合式的发明，将小刀和笔结合在一起，使用更方便。

（王宏）

刀

笔

随意"回"书架

本书架实际是由几个不同大小的无盖长方形盒子组合。当不使用时，将其"大包小"组合起来，节省空间，使用时，随意组合，可根据空间需要来进行搭配，如果搭配合理，还可以在看书时当椅子用。

不同大小的长方形盒子可以解决不同尺寸的书的摆放。传统的书架上下尺寸是不变的，可近年来，书籍的外形多种多样，经常是书太大书架塞不进去，本书架可以解决这个问题。

这个书架设计得非常有特色，摆脱了传统书架尺寸固定不变的弊端，用大小不一的盒子进行组合，使用简单、灵活。

（张洋）

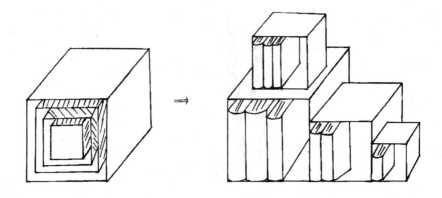

分工订书机

同学们可能遇到这样的问题，有的订书机无法钉较厚层的纸张，有的订书机又无法用厚层订书机，为此我发明了一种分工订书机。如图所示，左边部分安装厚层订书机，右边部分安装薄层订书机，也就是普通的钉书钉，中间部分有螺丝，可以向下折叠，使底面与底面相接触，便于携带。

这个设计是把大的订书机和小的钉书机组合起来，针对不同厚度的书本，用不同的订书机，真是非常方便。

（董婉）

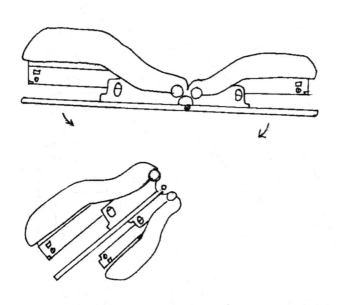

多用 U 盘

将圆珠笔与 U 盘组合而成，一物多用。

典型的组合式发明。

（于洋）

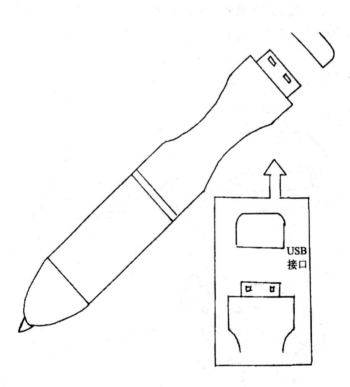

USB
接口

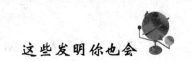

鳄鱼订书机

我这个创意就是把订书机做成了鳄鱼的形象，非常有趣，既能做装饰品，也能做订书机，在钉书时，就像鳄鱼把书咬了一口似的，让人觉得肯定很结实，我设计的这个鳄鱼还能爬，可当玩具。

订书机怎样才能和鳄鱼联系起来？看了这个创意就知道了，非常有想象力。

（李翰卿）

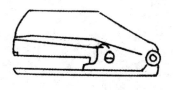

原版

新版

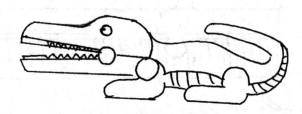

可控制电阻的滑动变阻器

在滑动变阻器的线圈上加上一个标尺，把电阻丝的宽度平分成若干份，在知道总电阻后就可以读出具体电阻值了，在做电学实验时很方便。

这个设计是把滑动变阻器量化了，不再是大致的估计，在技术上完全可以做到，在做精细实验的时候更方便。

（索今召）

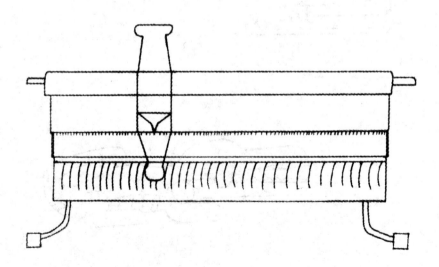

会叫的钢笔

今天我的钢笔掉在地上，由于没太注意，不知道它掉在地上了，一位同学也没注意，踩在了我心爱的钢笔上，虽然钢笔是金属做的，但还是被踩坏了。所以我想发明一种会叫的钢笔。在普通钢笔内部装一个碰撞警报器，当钢笔受到一定的碰撞后会发出叫声。当钢笔从桌上掉下来时，钢笔会发出警报，提醒我钢笔掉在地上了，立刻捡起来，那就不会被踩坏了。

钢笔不仅是学生的工具，更是不可分离的朋友，如果不小心掉在地上，被踩坏了，非常可惜。有了这样一种会叫的钢笔，就不用担心了。

（高山）

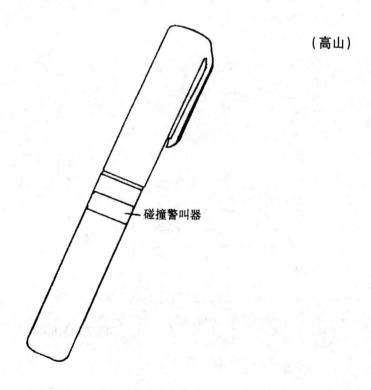

碰撞警叫器

画线器

在日常学习中，老师在黑板上画直线很麻烦，降低了课堂效率，于是我设计了画线器，在黑板擦大小的木块上安装两个轴，轴端点装小轮子，做成一个"小车"，使小车走直线，在木块中央设计一个和粉笔一样大小的长洞，将粉笔塞入洞中，这样就做成了画线器。在木块尾部安装量角器。可任意旋转，这样便可画任意角度的直线。

这是很有特色的一个设计，出发点就是老师在黑板上画直线不方便，影响上课效率，是一种对教学有益的教具。

（萧殿鑫）

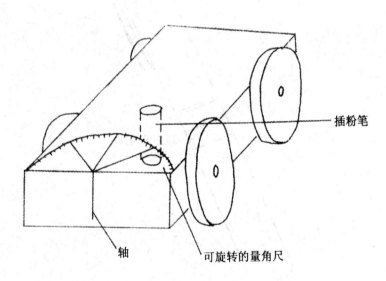

插粉笔

轴　　　　可旋转的量角尺

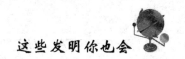
便利写生画具

现在一些绘画爱好者外出写生，常常因携带画具太多而烦恼。这项发明可以方便写生爱好者的需要。例如：画板太大，可以设计成卷式以减小空间；用手提太劳累，可为轮拉式；画架携带不方便，可在箱上直接安装。详情见上图。

设计的出发点在于出去写生不方便，东西较多，也容易遗忘，这是专门为美术爱好者设计的。

（祝伟唯）

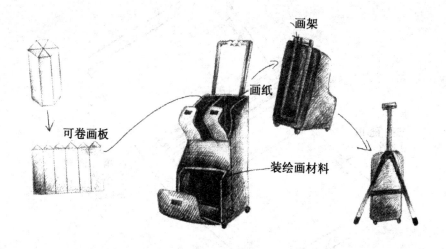

画架

画纸

可卷画板

装绘画材料

多功能混合活页夹

　　现在，随着课程日益紧张，试卷及各种资料越来越多，我们也常常因为找不到试卷而烦恼，现在市场上出售的试卷夹有夹子式的和活页式的，两种书夹都有利弊，可将它们做成一个整体，相互补充。

　　这个设计是把市场上常用的两种书夹结合了起来，因为两者各有弊端，结合起来以后使用更方便。

（刘李星）

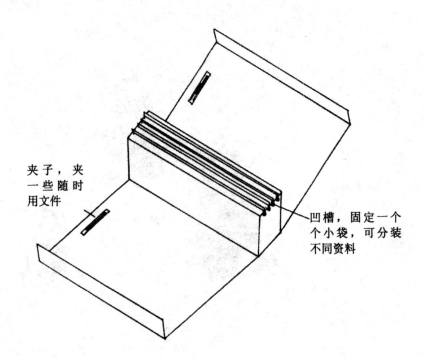

夹子，夹一些随时用文件

凹槽，固定一个个小袋，可分装不同资料

无影台灯

平时用的台灯只能照亮部分桌面，而且周围很黑，对眼睛不利，如果几个人在同一张桌子上工作，一个台灯肯定不够用，因此，我想到可将台灯的头分为多个，灯颈分为多支，这样使用者便可随心所欲，调节台灯的照明方位、面积，台灯上装有明暗调节装置，可随不同情况调节亮度，防止浪费。

这款台灯是针对普通台灯的缺陷设计的，新型台灯可以多人用，而且照明方位、面积都能调节，使用非常方便。

（苗帅）

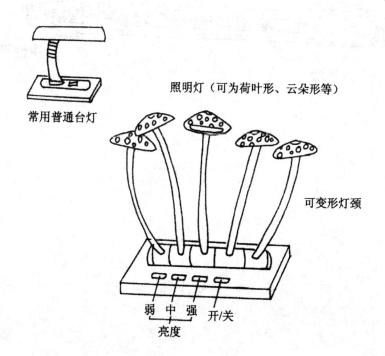

常用普通台灯

照明灯（可为荷叶形、云朵形等）

可变形灯颈

弱 中 强　开/关

亮度

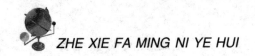
带涂改液的中性笔

本设计为涂改液和中性笔的组合。如果写错字的话，可直接用笔后的涂改液来修正，这样可以使书写更加便利，书面更加整洁。

这个设计利用的是"互克法"，与带橡皮的铅笔的设计非常相似。

（牛余鹏）

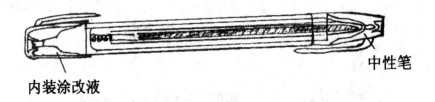

中性笔

内装涂改液

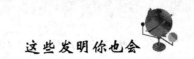
提醒器

现在人们的学习、工作特别忙，需要记住的、要做的事也很多，若随身带笔记本很不方便。所以，把录音机做成小型物品，如胸针、发卡、领带夹、钥匙扣等，可以随时做一个录音然后定时，时间到时播放，提醒自己。

生活中的不方便就是我们进行创造发明活动的起点，创新就在身边。

（刘寒晓）

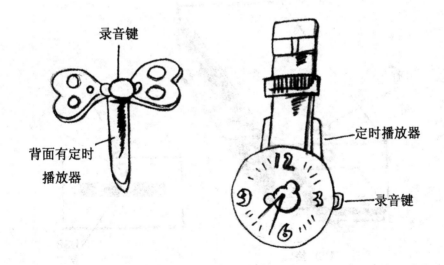

录音键

背面有定时
播放器

定时播放器

录音键

带灯的 U 盘

在黑夜，如果没有灯，我们就找不到 USB 插口，U 盘带灯，就可以方便使用了。

这个 U 盘设计很有特色，在上面附加了一个灯，晚上使用方便。

（王富彬）

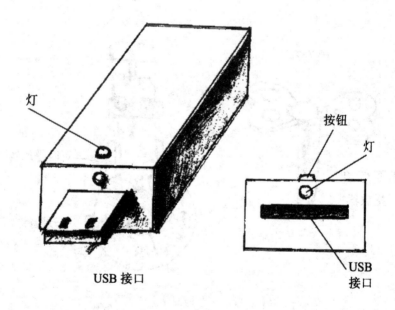

USB 接口

滚珠胶水

现在的胶水不是挤的就是刷的，涂得很不均匀，而且总是一挤哩哩啦啦一大堆，不好用。滚珠就不同了。同圆珠笔的原理一样，将胶水的头换成滚珠的，用时在纸上一画，就会均匀涂上一层，并且不会出现涂多或漏涂的现象，方便实用。

现在的胶水存在的问题的确不少，用起来不方便，这个设计是借鉴了圆珠笔笔头的设计特点，很有特色。

（李晓松）

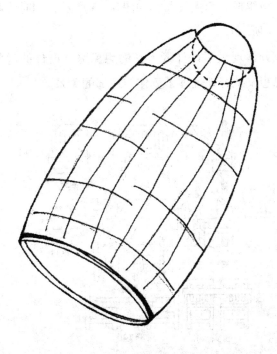

组合整体桌椅

桌椅分开占空间大，我们可以将桌椅一体化，并且桌子可以调节大小。

部件（一）小型一体桌椅，如图所示。图1－1为一张一体桌椅，它由椅身、桌面和四根支撑杆组成，其中支柱可以上下调节（如图1－2所示），桌面角度可调。

部件（二）可连接桌面板，如图3－1所示，它由a、b两种板面组成，可以拼接成大桌面。

使用方法：（1）先将桌面翻转竖起，利用支柱撑住桌面，此时就变成一张带桌面的椅子，且桌面可以调节倾斜角度如图1－2所示。（2）当人很多时，可以用连接板组成一个大桌面，如图3－3所示，用时将相邻支柱连接在一起（如图3－4所示）。

这个设计充分体现出了设计者丰富的想象力，设计的对象是桌椅，里面包含分、合的思想，从容地处理了整体与局部的关系。

（田震）

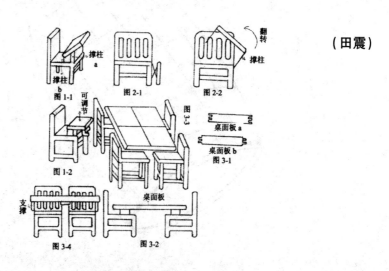

图1-1　图2-1　图2-2　图3-3　桌面板a　桌面板b　图3-1　图1-2　桌面板　图3-4　图3-2

三、日常生活发明

焊接式钳子

钳子可以用来剪断电线，但有时也需要把电线的接头焊接在一起，我设计的这种钳子既可以剪也可以焊，焊时只需要插上电源插头，钳子中部的电热丝就可以工作，发挥焊接的功能。

这是一种新型钳子的设计，在功能上加上了焊接的功能，使用起来更方便。

（朱广超）

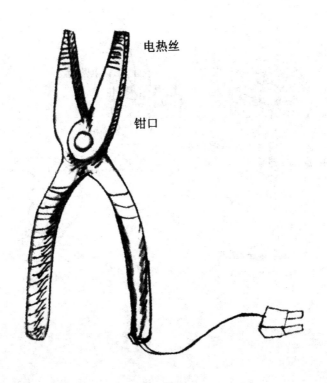

电热丝

钳口

冷热两用扇

夏天用电风扇，冬天用"热风扇"，在此想到了冷热两用的风扇。夏天、冬天都可以用。原理类似电吹风。有台式和站立式两种。样式和普通电扇差不多，只是在风扇扇叶中间安装一周圈的电热丝，夏天只开风扇，冬天则打开电热丝。

这是一种设计更全面的风扇，既能冬天用，也能夏天用，非常方便。

（于洋）

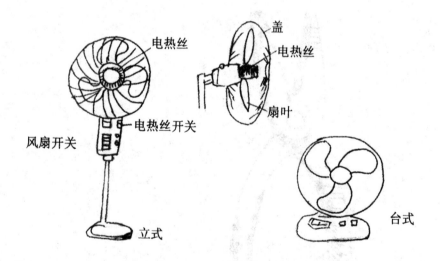

双用打火机

平时使用的打火机只有点火一项功能，抽完烟有人习惯将烟随手一扔或用脚一踩，这样既不安全又污染环境。我设计的这款双用打火机，不仅可以点火还可以灭火，在另一头设置喷水装置，在没有烟灰缸的场合，用它来灭烟，非常安全且方便。在林木基地或其他防火要求严格的地方很有用处。

有人说：水火不相容，这款设计恰恰把水与火结合了起来，而且毫不矛盾，这样的结合使打火机的功能更完善，也更安全。

（柴慧慈）

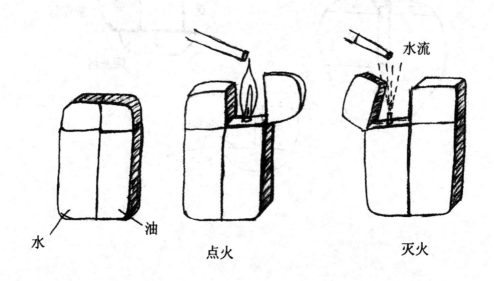

水　　油

点火　　　　　　　　灭火

多功能烟灰缸

这是一种外形新颖、功能多样的新型烟灰缸，它使用方便，美观整洁，适宜在各种场合使用，结构简单。

新型的烟灰缸在外形上像一个苹果，功能上增加了几项，既美观，又好看。

（鲁帅）

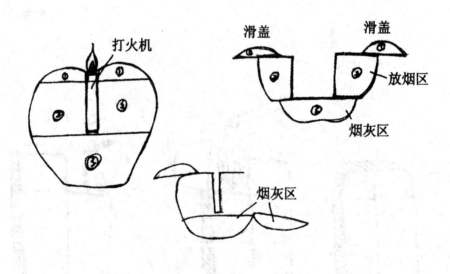

双面瓶盖

现在市场上的瓶子瓶口都比较小，想要倒入水、油或果汁时很不方便，双面瓶盖可解决这一问题。这种瓶盖上下两部分螺纹一致，但在不同使用场合，用不同的部位。

使用方法：在一般情况下，将大瓶盖拧在瓶口，想倒入水或其他液体时，将大瓶盖倒过来。

一个非常简单的设计，要解决的问题就是瓶口太小，倒液体不方便，瓶盖设计成两面，大小不同，很轻松地解决了这个问题，实用性非常强。

（孙宁宁）

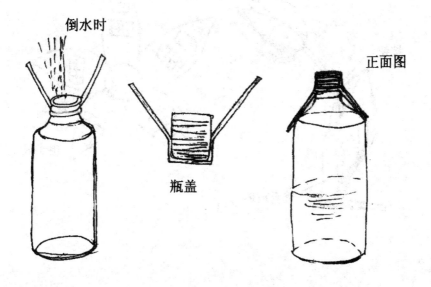

倒水时

瓶盖

正面图

华丽的灯表

华丽的花型台灯内部，蕴藏着独特的玄机。通过打开按钮，花瓣缓缓打开，灯随之变亮，花瓣上是电子表，显示数字下可注明地点，即每个花瓣可调节不同的时间，如东京、纽约、罗马……

外形漂亮，实用，这是一款华丽的灯表结合。

这是一款新型灯表的设计，是灯与表的结合，外观非常的华丽。

（刘苗苗）

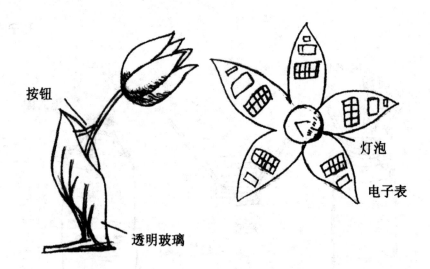

按钮

透明玻璃

灯泡

电子表

除水垢暖瓶

　　水垢倒入杯中喝了对人身体不好，我设计了除水垢暖瓶，如图所示：在暖瓶盖中设计一个过滤膜，暖瓶盖可以打开，膜嵌在盖上，倒水时通过过滤将水垢去掉。

　　这是一个新型的暖瓶盖的设计，与一般的暖瓶盖不同的是，它里面加了一个过滤膜，使饮水更健康。

（萧殿鑫）

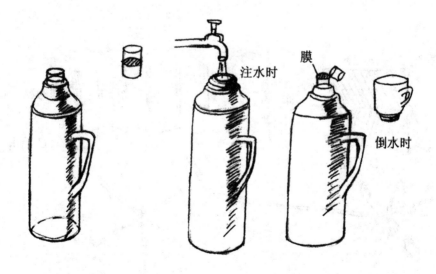

注水时

膜

倒水时

家具底部除尘器

该项发明用来除去家具（如床、沙发、衣柜等）底部积存的灰尘。头部有六角星形滚轴，伸入家具底部可清除大团灰尘、毛发，如图 A、B。配有一块毛巾，毛巾上均匀地分布六个空隙，两端有即时贴，可以缠绕在滚轴上，毛巾浸湿后可以吸附细小的灰尘，如图 C。手柄呈⊥形，可以轻松地伸入家具底部并移动，如图 D。

这个设计非常实用，在生活中遇到问题，解决问题。

（党灿）

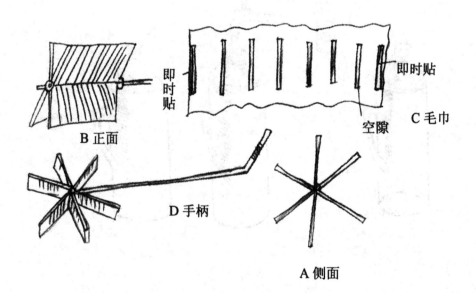

B 正面

即时贴　　　　即时贴

空隙　　C 毛巾

D 手柄

A 侧面

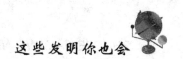

防盗门密码钥匙两用锁

没有钥匙打不开自家的防盗门很令人烦恼，针对这个问题，我设计了密码钥匙双开的锁。

我的设计主要在锁舌处安装一密码开锁装置。密码区将锁舌的部分卡住，插入钥匙转动，可将卡住部分复位，打开锁。没有钥匙，可将密码对准确，卡住部分便不存在，再转动把手即可把锁舌打开。

这样，在丢失钥匙的情况下同样可以打开锁。

这是一种新型锁的设计，开锁的方式有两种，带钥匙和忘记带钥匙都可以把锁打开，使用安全、方便。

（于洋）

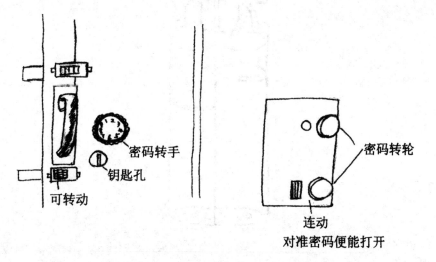

密码转手
钥匙孔
可转动

密码转轮
连动
对准密码便能打开

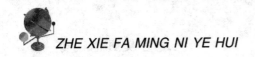

双头打火机

　　日常使用的打火机，一旦打火机的头坏了，就没有用了，许多燃料都浪费了，而且给人带来不便。两个头的打火机，一个不行还可以用另外一个，使用更方便。

　　双头打火机是运用同物组合，增加了安全性。

（孙伟）

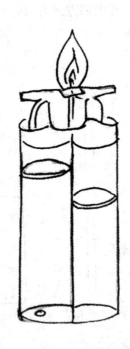

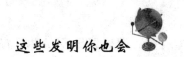

可单人双人用的互换雨伞

下雨时，与其他人共用一把雨伞，由于伞的面积一定，所以身体有一部分会被淋湿。针对这一问题，我有这个创意：同一把伞有两个伞面，一人用时用小面积，两个人或多人用时，可用大的面积，从而避免了淋湿。

这也是一个同物组合的设计，把面积大小不同的伞结合到一块，不同的场合用不同的伞面，使用更方便。

（王宏宇）

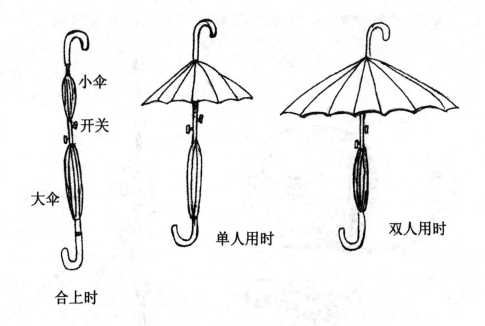

小伞

开关

大伞

合上时

单人用时

双人用时

匀速安全逃生软梯（家庭用）

住在楼上有时会遇到紧急情况，如发生火灾，在这种危险情况下，如何逃生呢？我设计了这款逃生软梯。

使用方法：平时将其一端（可拆移）铁钩固定于家中一稳固处，绳索绕在一圆形转轴上。

绳索：每隔15厘米有一稍粗于绳的可让手握器通过的粗糙节。

手握器：事先将其扣于绳索上（可多个），逃生时，将手套入其固定的弹性皮带中（两面均成，两手抓握一个），人便可匀速下滑，其形状易于抓握，不易打滑，可供多人同时逃生。

轮轴：其表面装饰以彩色花纹，不用时放在窗口，亦可作家居装饰品。

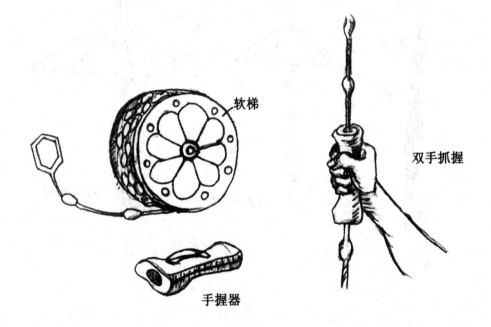

软梯

手握器

双手抓握

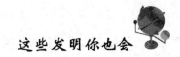

现在住楼房的人非常多，也会遇到很多特殊的情况，一方面楼层高，情况紧急，再者留给人们的时间少，这个设计就是在危险的情况下，如何更快逃生的一种方案设计，非常有创意。

（高媛）

环保矿泉水瓶

瓶身总体由两部分组成：降解性塑料框架、环保防水纸质瓶身。

（1）降解性塑料框架，成本要比用全降解塑料做成的瓶子成本低，比一般塑料做成的瓶子环保，比纯由纸做的瓶子结实，用手握时不易变形。

（2）用纸做瓶身，避免了塑料瓶子污染水质，也避免了丢弃后污染环境。

（3）降解塑料框架底部可拆装，喝完水后可直接更换纸质瓶体，框架可重复使用，即使扔掉也可在很快时间内降解。

节能和环保是目前设计的热点问题，这个环保矿泉水瓶的设计很有特色，可重复利用，并且对环境也不造成污染。

（刘泽洋）

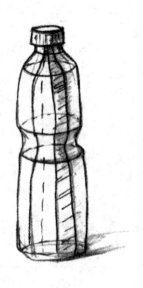

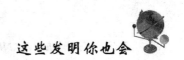
水族箱吸尘器

　　鱼缸使用时间长了，底部会有一层脏物，让人看了很不舒服，将脏物弄出来却不容易，要把鱼先捞出来，再将水倒出来，对于大鱼缸很麻烦，我设计了一种吸尘器，通过蛇皮塑料管中间的长圆球压缩空气，制造虹吸现象，利用导引出的气流将水族箱内鱼排出的脏物吸出，从而达到净化鱼缸的作用，这样是不是很容易？

　　鱼缸里面的脏东西让养鱼的人很烦，要弄出来，先要把鱼捞出来，再倒掉水，如果是宾馆的大鱼缸就麻烦了。他的设计很简单，也非常实用，是个不错的发明。

（牛文硕）

主要部件：

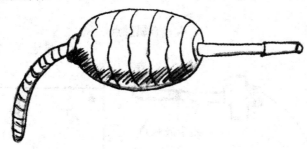

附件：　　扁吸头　　　　　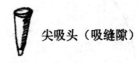　尖吸头（吸缝隙）

钥匙型安全稳定插座插头

我之所以产生这项发明的原因是由于家庭生活及工业用电中存在着许多隐患，拿最简单的例子来说，在家庭生活中，有不少儿童，不知道用电常识以致用电不当产生危险，如用棒状导体插入插孔来取乐，这是很危险的。并且在生活、工业用电过程中，有时因为接触不牢等问题，会迸出电火花，让人害怕。

我特别针对以上两点，将插座设计为单孔，将最危险的火线设计到插孔一侧的暗槽中，即使将棒状金属插入插孔，棒状金属也不能接触到火线，这样就不存在危险了，并且在供电过程中，插头的火线触点会与火线紧密接触，这样也不存在接触不牢等问题，并且此项发明还有节约空间、使用方便等优点。

本发明摆脱了插座为两孔或三孔的传统观念，并且将火线、零线、地线的平面分布特意设计为直线结构，大大减少了插座所占的空间，而且将火线

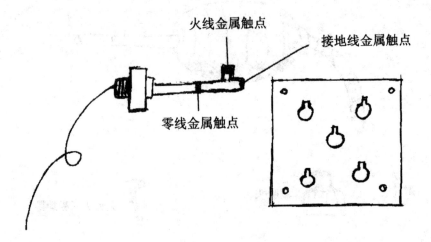

火线金属触点

接地线金属触点

零线金属触点

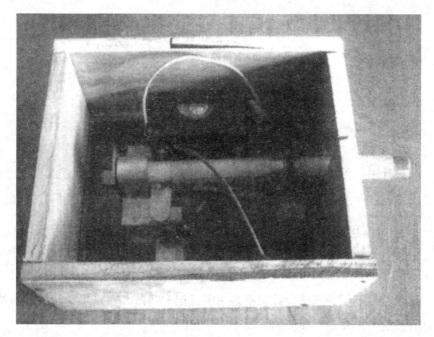

设计到插座插孔一侧的暗槽中，可以有效防止儿童用棒状导体插入插孔所引起的触电危险。在通电过程中由于火线的触点是被稳定的固定住的，所以可以确保插座使用时的安全稳定性；即使插头插入插孔，不转动插头使火线触点与火线接触也无法通电，这样更进一步增加了本项发明的方便与安全性。

　　这个设计连连在省及全国创新大赛中获奖，的确有它的特色，使用电更加的安全，设计的思路也很清晰，实用性非常强。

（李应心）

懒虫叫醒器二代

我设计了一种叫醒器，把一闹钟钉在床旁边的墙上，闹钟连接着一个齿轮，上面缠着鱼线，另一头连着一个圆环。睡觉时把定时指针指到适当的时间，把圆环套在脚上，放下一段鱼线，在睡觉时能舒适地调整姿势。

当时间到时，齿轮自动快速转动，鱼线会拉着脚向前收缩，将熟睡的人叫醒。

这是一种新型的闹钟设计，不是用声音把人叫醒，而是用钓鱼用的渔线，非常有趣的一个设计，唤醒的方式不同，目的一致。

（张晶鑫）

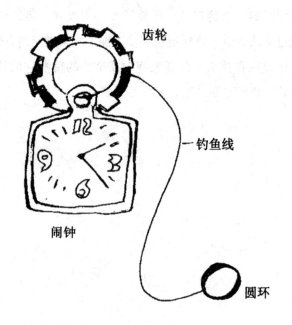

齿轮

钓鱼线

闹钟

圆环

多用斧

　将斧头变成螺丝，可以装上不同的部件发挥不同的作用。

　现在有很多市场上的物品就是利用这个原理设计的，主体不动，通过变换局部，使物品的功能改变，具有多种用途，最大的好处是节省空间，适用于多种场合。

（谢年来）

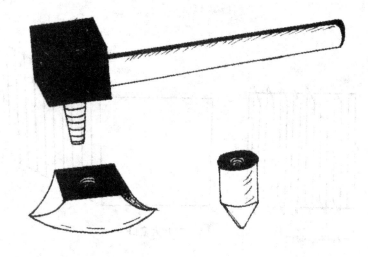

新型窗户

　　这种窗户的玻璃是条状的，每条玻璃又是一个小窗口，整个窗户不用都敞开，夜间也不用关，外面人的手无法从小窗口进来，也就无法打开窗户，如果发生了火灾，就可以将整个窗户打开逃生。

　　设计得非常有特色的一种窗户，整体与局部的关系处理得相当好，在保证窗户原有功能的基础上，又有所突破，非常有新意。

（沙继超）

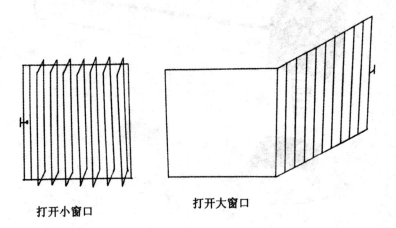

打开小窗口　　　　　　　打开大窗口

剥蒜器

目前市面上出现了剥蒜器,但买回来以后发现,在使用过程中已经出芽的大蒜很容易剥皮,而对于那些没有出芽的大蒜却很难剥皮。针对这一现象,对市面上的剥蒜器进行如下改造:

(1)剥蒜器分为两半,一半为绿色,保留原剥蒜器的原样不变,用来剥已经出芽的大蒜。

(2)另一半为红色,将其内壁的粗糙程度变大,可用来剥尚未出芽的大蒜。

使用方法:将大蒜放入剥蒜器内,在桌上用力压住、滚动、按压即可。

这个设计的出发点是从市场上买来的剥蒜器存在缺陷,针对缺陷进行改进,在发明创造上使用的方法是"找缺点法",这是创造发明常用的方法之

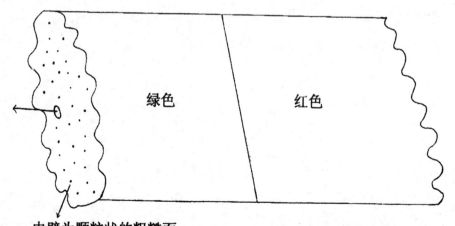

内壁为颗粒状的粗糙面
(注:红色的一半内壁更为粗糙)

(材料用橡胶做成)

一。原理：找到物品的缺点，针对缺点进行设计，运用发散思维，从多个角度进行改进，再筛选出最优的方案。

（陈晓）

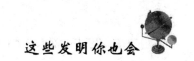

测身高的墙纸

现在有许多漂亮的墙纸，可在上面多加一个功能：标上刻度，这样便可测您孩子的身高了。无需尺子，也不麻烦。

墙纸每个人都见过，但用它测量孩子的身高，大多数人可能没想到。非常棒的一个设计，想象力非常丰富。

（高彤）

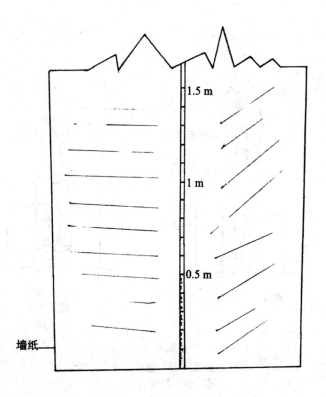

新型插座插头

　　现在的插座在插或拔时，容易碰到插头而触电。而且，不小心滴进水会短路或发生危险，给人们带来不便和麻烦。我设计的插座插头就可以解决这一问题，如图所示。

　　这个插座、插头的设计出人意料，为了增强安全性，不是直接接通线路，而是间接接通，设计非常巧妙，在一些特殊的场合这种插座会发挥安全功能。

（杨照通）

插头

绝缘外皮

金属触头

插座

绝缘外壳

零线　　火线

金属片
（由弹簧控制，插头拔出
时，金属片弹起）

插上插头
弹簧金属
片下压
电路连通

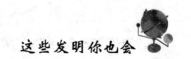

充气式便携椅

有人喜欢在钓鱼、散步时带一个小板凳，笨重且不方便。我设计的这款便携椅轻便、易带、使用方便，并且坐这种椅子如同坐沙发一般舒适。不用时可折叠起来，塞到包里。

这种发明的方法叫"缩小法"，就是运用缩小、缩短、减少、减轻、分解、折叠、卷曲、删减等手段进行发明创造的技法。与之对应的则是"扩大增加法"，把一样物品进行扩大面积、扩大声音、扩大距离、延长时间、延伸长度、加高高度、增加数目、增添配料等扩增处理，物品的功能和用途可能就会发生本质的变化。这两种方法是常用的发明技法。

（张琳）

此处充气

小型充气筒

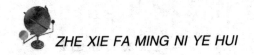
吹风手机

　　将小电吹风机和手机结合，成为带电吹风的手机，如图：①尾部为吹风机，原手机尾部的插孔转移到侧面：②侧部为电吹风，其他不变，电吹风用手机电池。

　　这是典型的组合式发明。

（于洋）

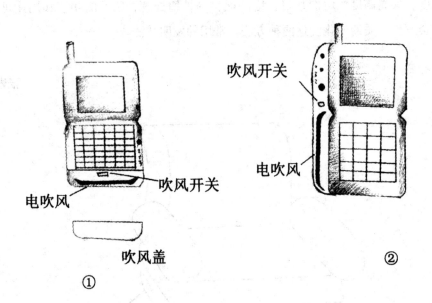

新型捣蒜工具

我们用的捣蒜工具都由传统的石头制成，非常笨重，而且在捣蒜过程中，蒜很容易蹦出，非常麻烦。我想设计一种新的捣蒜器。它是竖直的圆筒形，底部有一个开口，可以将其取下。将蒜从上口放入，用竖直捣蒜棒进行捣蒜。由于它具有封闭性，蒜是无论如何也蹦不出去的。捣完后将盖取下，用捣蒜棒往下捅，蒜泥就很容易出来了，非常方便。而且它制造简单、轻便、易携带，还有它的外层由塑料制成，可以清楚看到内部的情况。

传统的捣蒜器存在缺陷，蒜容易蹦出，这个设计就很好地解决了这个问题。

（陈芳洁）

传统的

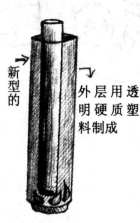

新型的

外层用透明硬质塑料制成

新型钥匙

晚上开门总是看不清钥匙孔，很难将钥匙插进去，若在钥匙上装一个小灯，便可避免这种情况。

晚上开锁看不清楚，可以从几个方面进行设计，从锁出发、从钥匙出发、从门出发或从周围的环境出发都可以，这个设计就是从钥匙作为设计点进行设计，解决问题的。

（朱杰）

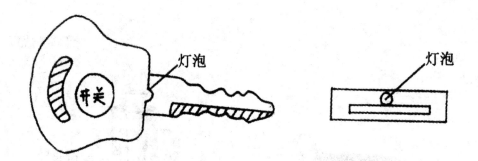

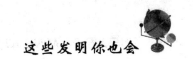

计时蚊香

我设计的蚊香在相应的位置标注了不同的时间，可以知道蚊香的燃烧时间，方便控制时间，防止不必要的麻烦。

这是一款实用性很强的设计，把计时的功能附加到蚊香上，那么蚊香就具有了计时的功能。

（萧殿鑫）

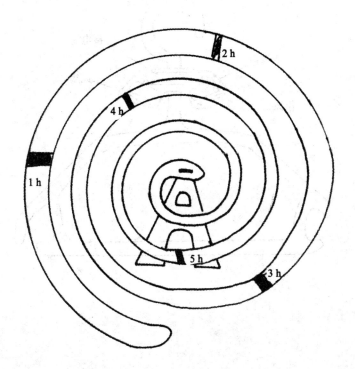

吹风晾衣架

　　在阴雨天，洗完衣服很难晾干，影响人们第二天的着装，本设计可将湿衣服吹干，大大方便人们的生活。

　　这个创意充分展现了少年儿童创意的特点，虽然有些幼稚，但非常有趣，也提出了解决问题的方法，难能可贵。

（牛延鹏）

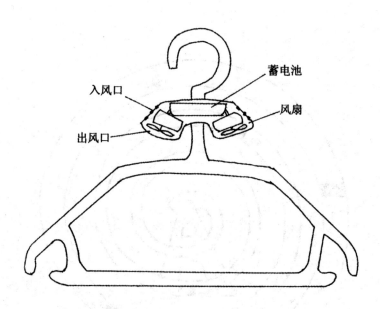

翻转椅

长期以一种姿态坐，就会感到累。这款椅子可通过翻转变换姿势，且造型奇特。

一般的椅子只有一种坐的形态，这个椅子却能通过变换，展现两种不同的形态，让人坐得更舒服，是很有新意的一款设计。

(李星月)

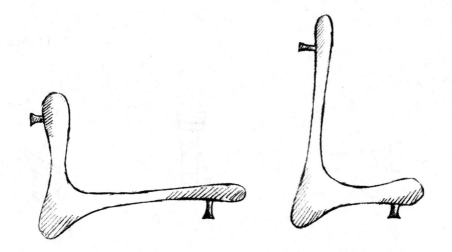

手电可伸缩支架

普通手电只能照明，但在使用手电时要做别的事，一只手拿手电另一只手干活很不方便，特别是住校高中生，晚上打手电看书更是不方便。在手电中部安装一个可伸缩支架，可以解决这些问题。特点：

（1）上下方向可作180°旋转；

（2）左右方向可作360°旋转。

这个设计可以看做手电的附加物，它处理的是手与手电的关系，不仅可以把手解放出来，还能变换不同的角度，使用非常方便。

（刘晓艺）

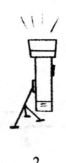

| 1 | 2 | 3 |

双层蚊帐

夏天到了，蚊子也多了。在家里，大多数人通过使用蚊帐防蚊，但有一个缺点，就是每次一掀开蚊帐，蚊子就"见孔而入"，这样又得被蚊子咬了！尤其晚上上厕所或有别的事情时，一掀开蚊帐，蚊子就成群结队，气势汹汹跑进蚊帐，这样我们下半夜就别想睡安稳了。

双层蚊帐能解决这个问题。它由两层构成，当需要掀开蚊帐时，先掀开里面一层，再放下，再掀开第二层，再出来。这样就能有效防止蚊子的入侵。

这是一个典型的"同物组合"的设计，增加了实用性。

（陈欣欣）

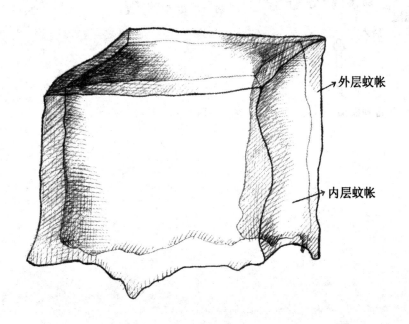

外层蚊帐

内层蚊帐

保健拆卸梳

　　本设计的突出特点是：由强磁控制的可拆卸的梳齿，以及有利于人们血液循环的磁场。解决了传统梳子不易清洗的弊端，因为本设计梳子的梳齿可自由拆装，并且在使用时达到舒筋活血的功效。

　　这个设计实用性非常强，具有保健的功能。

（李应心）

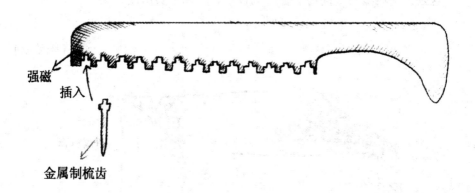

强磁

插入

金属制梳齿

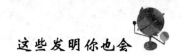

温度杯

人们有时喝水时不知道是冷是热，甚至会烫伤。本设计利用电磁效应，通过颜色的变化反映温度。

这个设计非常有意思，让人在使用杯子的时候更加方便。

（杨晓）

儿童餐桌

　　儿童总不喜欢吃饭，我想设计一种儿童餐桌。它是一种花朵形，关闭时呈花苞状，打开后呈花瓣状。将可口的饭菜放在里面，等到儿童要吃饭时，再打开花苞。青少年是祖国的花朵，好好吃饭有利于青少年的健康成长。

　　这是很漂亮的桌子的外观设计，寓意深刻。

（陈芳洁）

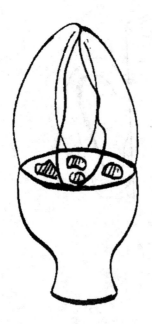

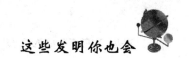

上班镜子

上班、上学前总要照镜子，可有些人总爱照起来没完，那就装个表在镜子上，敲敲警钟吧！

这个设计有意思的地方是抓住人们上班时的习惯和爱美的心理。虽然简单，却富有创意。

（张洋）

嘴形喷嘴

喷嘴顾名思义就是会喷水的"嘴"，把喷嘴设计成"嘴"的样子，洗澡时会有更多趣味，也可以将此设计应用到话筒上。

这个创意非常有想象力，是一个很有趣的喷嘴的外观设计。

（韩庆涛）

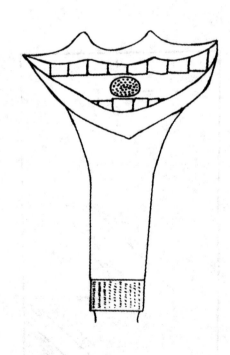

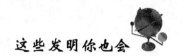

装在口袋里的水杯

用质量好的软塑料制作水杯，就像塑料袋一样，平时不用时放在口袋里，使用时通过气孔吹起来形成水杯，便可以用来喝水。

这个设计是"缩小法"的应用。

（孙国君）

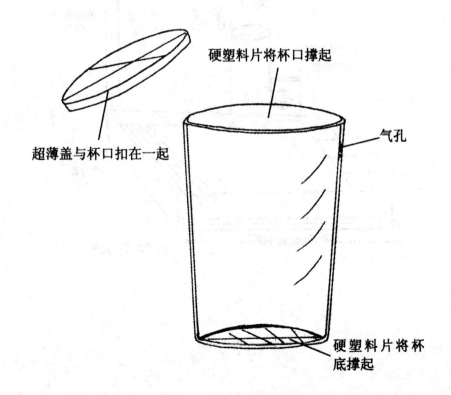

超薄盖与杯口扣在一起

硬塑料片将杯口撑起

气孔

硬塑料片将杯底撑起

厨房组合

厨房中各种厨具杂乱无章，因此，我设计了如图所示的"厨房组合"。从这个设计可以看出设计者对周围事物观察之仔细，创新意识之敏锐。

（萧殿鑫）

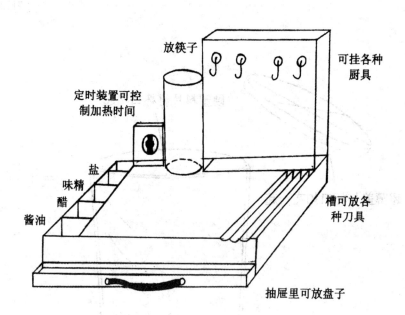

放筷子

定时装置可控
制加热时间

盐

味精

醋

酱油

可挂各种
厨具

槽可放各
种刀具

抽屉里可放盘子

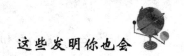

卷椅

该椅可以卷成圆柱状，也可以展开，用在公园等公共场所，可节省空间，又美观。

这是很出色的椅子设计，非常美观、实用。

（侯慧君）

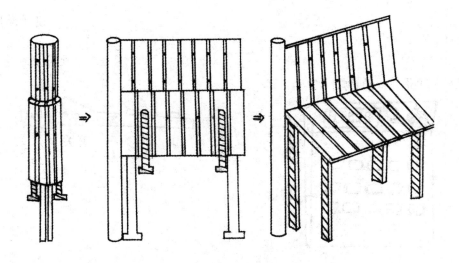

带验钞机的计算器

　　小商店收钱时一般用计算器算账，用验钞机验钞，现在合二为一，制作带验钞机的计算器。制作很简单，将两者组合就可以了。做计算器时连验钞灯一块安上。两种安装部位如图所示，一种安装在一侧，另一种安装在上面，这样使用起来方便多了。

　　典型的组合式发明，将验钞机和计算器结合起来。

（于洋）

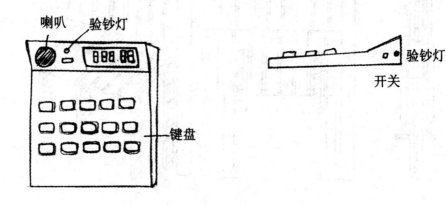

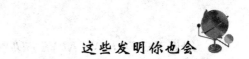
左手简易计算器

人们一般是用右手使用计算器运算，然后用右手记录数据，很麻烦。而左手简易计算器，只需将4个手指停放在1、2、3、4等数字键，根据打电脑时的按键特征可以用左手计算右手记录，提高运算速度。

专门为左手设计的计算器很少见，目的是把右手解放出来，观察很深入。

（景元凤）

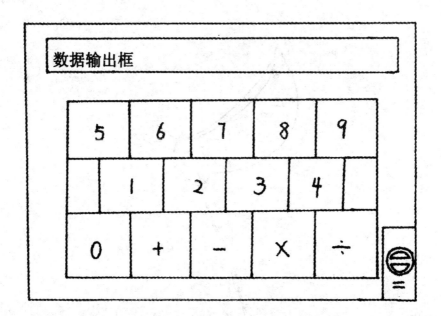

小朋友专用输液瓶

在医院里，我们经常听到小朋友因害怕输液而发出的哭喊，闪亮的针管和白色的环境往往会使小朋友害怕。这种输液瓶是专门为小朋友设计的，其外表也是玻璃透明的，但形状不同，设计成一些小动物的形状，如小鸭子、小白兔等，这样会使小朋友减少对输液的恐惧。

很有趣的一个外观设计，内涵很丰富，目的很明确。小朋友见到了这种外形的输液瓶，效果要好得多。

（杨霄）

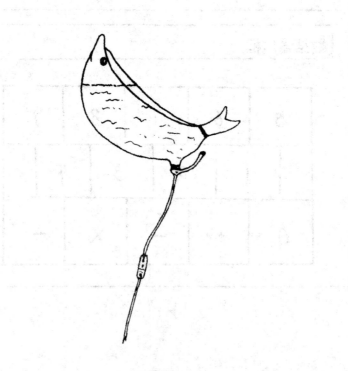

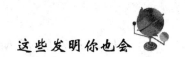

便捷理发机

理发时，头发渣子到处都是。理完发还要洗头或洗澡，非常麻烦。所以我发明一种理发机，在刀口处加一个吸力器，把头发渣子吸到把手里，理完后，不用洗头，理发店里也很干净。理完发只要把把手打开，把头发渣排出即可。

理发是一个动态的过程，存在的问题很多，首先是发现问题，然后想办法解决，这就是发明的过程。

（高阳）

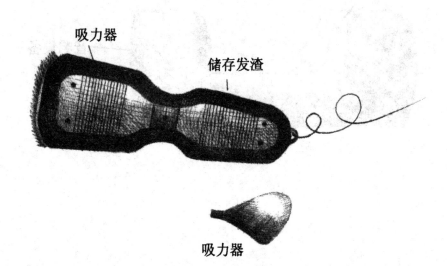

吸力器

储存发渣

吸力器

耳麦枕头

有些人喜欢在睡觉时听音乐，为了不影响他人，只好戴着耳麦或耳塞，非常不方便。有了这款耳麦枕头，只要枕在上面，便可以舒服地享受音乐了。

这是一款新型的枕头设计，附加了耳麦的功能，用起来很舒服。

（郭超）

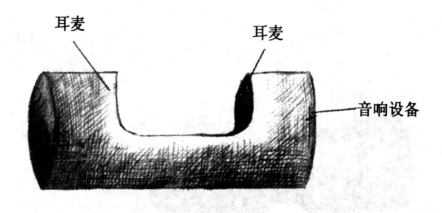

耳麦　　　耳麦　　　音响设备

低温蜡烛

烛光在黑夜里带来浪漫的气息，但炎炎夏日在没有空调的屋内围着高温蜡烛会大煞风景，在这里想到一种降温的方法。

在普通的工艺蜡烛开口内部多加一层玻璃，与原来的玻璃之间形成凹槽，在里面装入水，点燃蜡烛后凹槽中的水可以吸收热量而蒸发，增加空气湿度，保持低温。另外，还可以选择其他易挥发且吸热对环境无毒无害的物质代替水。

这是一款新型蜡烛的设计，考虑得很周到。

（郑淏）

将水加入凹槽

叶子夹拾器

每年秋末冬初，落叶很多，但收拾工具较少，所以我想设计一种工具，来弥补这一不足，如图所示。

这是专门为夹拾落叶而设计的，很新颖，实用性很强。

（马文奇）

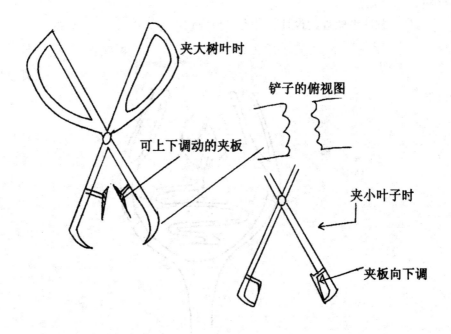

夹大树叶时

铲子的俯视图

可上下调动的夹板

夹小叶子时

夹板向下调

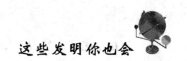

按摩洗脚盆

我发明的这个洗脚盆有一个特殊的功能，那就是按摩。在盆底有一排排算盘式的串起来的珠子，珠子可以在穿杆上转动。用法：倒水（水漫过盆底珠串）→脚伸进盆里→在珠串上来回搓洗。

这个洗脚盆实用性很强，它底部安装的具有按摩功能珠子是设计的特色所在，脚底的穴位很多，通过按摩能舒筋活血，使身体健康。

（李媛珍）

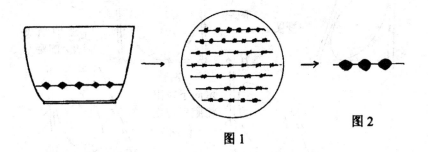

图1　　　　图2

墙壁式肥皂盒

现在一些肥皂盒设计不合理，渗水性差，且不小心便会滑入水中，而这种墙壁式肥皂盒是粘在墙上的，其结构如图所示。

墙壁式肥皂盒主要的优点是外形设计新颖，而且让水及时漏出。

（张琳）

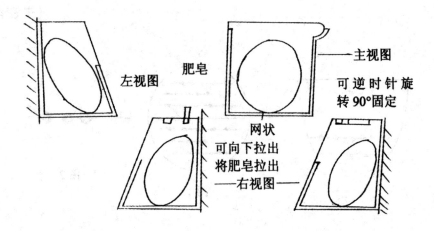

左视图　肥皂　主视图

可逆时针旋转90°固定

网状
可向下拉出
将肥皂拉出
——右视图——

不倒翁水瓶

当瓶中水不多时，因为质量轻，一碰就会倒，而不倒翁水瓶，既美观，又不倒，并且瓶子坏了可以更新，它的耳朵是开关，可以加紧与松开水瓶。

这是水瓶的新型外观设计，在功能上能避免一碰就倒，使用方便。

（刘舒贤）

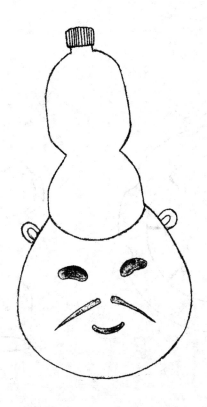

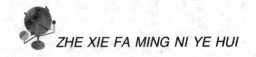
定时水龙头

人们打开水龙头后，常会在离开时忘记关，水会白白流走。如果水龙头能定时，一段时间后自动关上，就能节约水了，就算你忘记关，也会自动关上。顺时针启动后，随着水流出，上面的圆盘向逆时针方向转动，当指针指向零时自动关上，上面的数字是单位时间，具体按需要可以设定。

给水龙头附加定时的功能，能节省水，实用性很强。

（王媛媛）

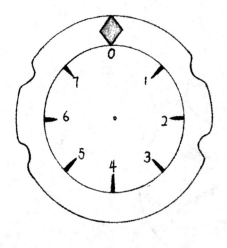

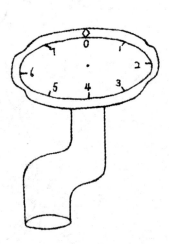

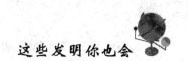

专用球类打气筒

用此可以方便地给球类充气，无需气筒和球针。

这个球类打气筒设计得非常简洁，可以给各种球充气。

（索今召）

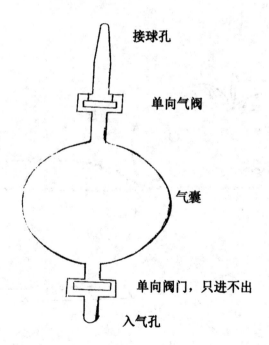

接球孔

单向气阀

气囊

单向阀门，只进不出

入气孔

新式烟灰缸

这种烟灰缸中间有一条裂缝，可自由旋转。将烟灰弹入容器内，并且可以在点烟孔处点烟（与汽车点烟孔原理相同）。

这是烟灰缸的外观设计，外形上像苹果，还有点烟孔的设计，非常有特色。

（魏振堃）

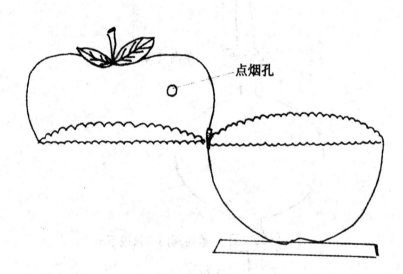

点烟孔

能剪出花纹的指甲刀

现在指甲刀刀锋都是直的，略带有一定弧度，剪出的指甲也没有什么新意，爱美的人都去美甲。我设计的指甲刀刀锋有花纹，剪出的指甲有个性，很适合爱美者的需要。

这是专门为爱美的女士设计的指甲刀，从细微处可以看出这位同学的观察细致。敏锐的眼睛和丰富的想象是发明的两大要素。

（李彤）

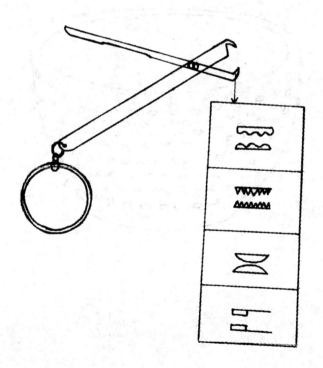

新型饭碗

在食堂中，常会出现这样的情况，某同学端着热腾腾的稀饭，一不留神，饭碗掉在地上，这多数是因为饭碗太光滑且太热，我设计的饭碗表面有很多颗粒且用隔热材料制成，增大表面粗糙程度，增大摩擦，方便使用。

碗表面的颗粒是隔热的，并且增大了摩擦，很实用的发明。

（段浩明）

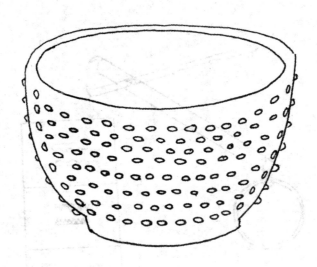

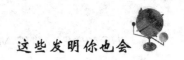
计时 U 盘

本设计是把 U 盘和表结合，当使用 U 盘时，开始自动计时。

这是典型的组合式发明，这种 U 盘用起来会更方便。

（高玉玺）

记录时间

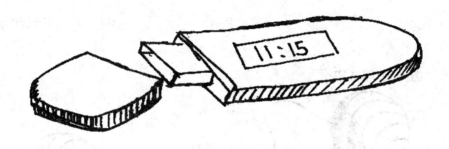

漂浮的肥皂

洗澡时，肥皂会下沉。怎样解决这个问题呢？将一个中空的，带绳套的塑料小球放置于一块肥皂上，并让绳套露在外面，这样肥皂掉进水里时容易寻找，使用起来方便。

有人喜欢泡澡，使用的肥皂很容易沉到水底，用什么样的方法来解决这个问题呢？这位同学的设计虽然简单，但给出了一个思路，希望你能想到更好的方法。

（芦云维）

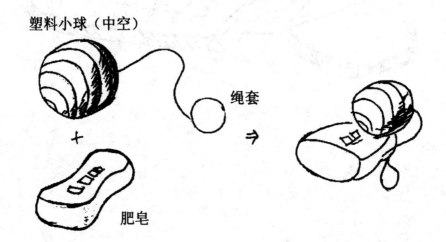

塑料小球（中空）

绳套

肥皂

穿在脚上的扫帚和簸箕

对于该创意不好命名，好处却很多，可以一边扫地，一边手中干其他的活，对于手臂残疾者更有用。原理很简单，只需在普通的扫把和簸箕上加特制的鞋子即可。可调节角度，鞋后跟较高，使脚舒适一些。后跟底有一小球作为支点，容易转动。

这个设计非常有特色，可以进一步开发的空间也很大。一方面，可设计手臂残疾人专用的扫地工具，用起来方便、舒适；另一方面，把人的双手解放出来，也非常的有趣，可以作为一种娱乐运动。

(周磊)

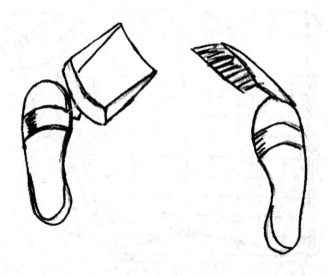

方便购物车

　　超市购物时，购物车的宽度虽不太大，但在人多的过道里，很拥挤，行走不方便。此车的宽度可以调节，大大解决了这一问题。

　　这是设计了一种宽度可调的购物车，在拥挤的过道里轻松地通过，不至于造成拥挤。

（王宏宇）

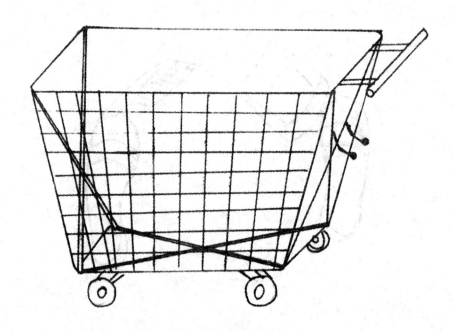

改进键盘

现在的键盘有许多可以改进的地方，如有时 U 盘插在电脑上忘了拔，把 U 盘插口转到键盘上似乎更方便。键盘上还可以放上一个手控板，打字时可以作手写板，在界面中可以做鼠标。

注：1 为转换器，2 为手控板，3、4 为两个 USB 接口，上有"写"、"点"两灯显示状态

这是对电脑键盘的设计。针对电脑及其配件的设计可以将其一一分解，比如电脑显示器、鼠标、键盘、输入法、鼠标垫、主机、电脑桌、电脑椅，等等，针对一样，运用发散思维进行设计。

（刘如一）

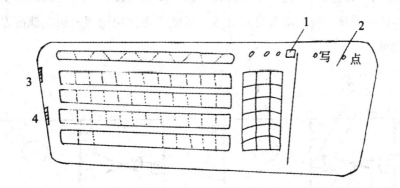

锁中锁

普通的锁都是一把钥匙开一把锁，如果这把钥匙丢了，或者仅被某一人掌握，那么安全性和防护性就大大降低了。

为了解决上述技术存在的安全性差的问题，本设计的目的是提供一种锁中锁，通过在现有的锁具上增加一个副锁，能够增大安全性，防护能力大大提高。

本设计的技术方案是，该锁中锁，包括一个主锁，其特征在于，将所述主锁的锁头设计成蘑菇形，与主锁锁头同轴线设置有副锁，副锁的锁头设计成半球状，由回转轴铰接的两根转动杆的一端设置有一对与主锁的锁头配合的棘爪，在两根转动杆上靠棘爪的一端设有一个连接两根转动杆的拉簧，两根转动杆的另一端与副锁的锁头相对应。

在回转轴门内侧安装一手动旋钮，该手动旋钮设有一对与两根转动杆配合的拨块。手动旋钮转动可打开棘爪，以便不必使用副锁的钥匙就能方便地打开棘爪。

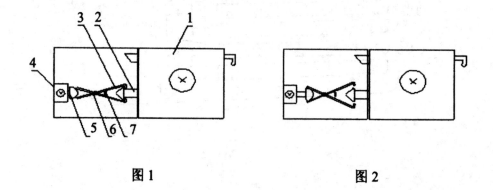

图1　　　　　　　　　　　　图2

当主锁锁上时，如果副锁的锁头处于伸出状态，则棘爪张开，副锁不起作用，主锁与普通的锁一样使用；如果副锁的锁头处于收回状态，则棘爪闭合，主锁的蘑菇状锁头被棘爪止动锁住，无法打开主锁，只有用副锁的钥匙打开副锁才能打开主锁。主锁与副锁各用一把钥匙，这样只有同时具备这两把钥匙，才能正常使用这种新型锁中锁。

本设计的效果是两把钥匙开一把锁，增大安全性，防护能力大大提高。

这个设计增强了锁的安全性能，设计巧妙。

（王民）

刻度剪刀

把刻度尺与剪刀结合在一起，便可方便剪取想要长度的物体。

这是一个主体附加的设计，在主体功能不变的情况下，通过附加配件增强主体的功能。

（杨帆）

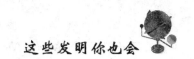
蜡烛灯

为了解决蜡烛无法聚光照明这一问题，设计了本作品。在蜡烛上端安装一个可以上下滑动的反光罩（随蜡烛降低，可调节其高度），在烛焰上方有一反光镜，反光镜可调节倾角，这样便可聚光照明。

这是新型蜡烛的发明，这个灯如果采用玻璃的材料效果会更好，晶莹剔透，特别有美感。

（于承霖）

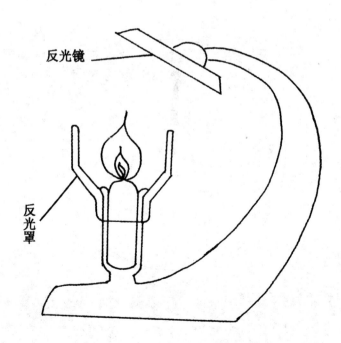

逆时针转的时钟

　　现在的时钟全是顺时针转，只能起到指示时间的作用，而我设计的逆时针转的时钟则指示一天剩余的时间，从而提醒人们珍惜时间。

　　这是一个典型的"逆向思维"的设计，这种思维方式在发明创造中应用广泛，它的定义是指沿着事物的相反方向，用反向探求的方式对产品、课题或方案进行思考，从而提出新的课题设计或完成新的创造的思维方法。运用逆向思维设计的物品给人的感觉与众不同。

（仲科）

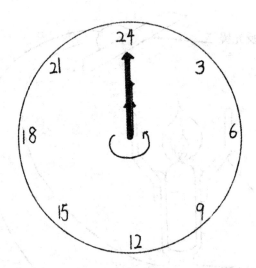

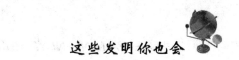

欠揍的闹钟

闹钟响了可是还想睡，怎么办？关上开关，可是没有开关，只有一根球棒，砸！还响，还砸！就是这样一款闹钟，必须用球棒狠狠地练一练，才能让它"闭嘴"，驱除了睡意，还锻炼了身体，耶！

这是一个很有趣的设计，闹钟加球棒，还给出了一种新的关闭闹钟的方式。

（陈龙）

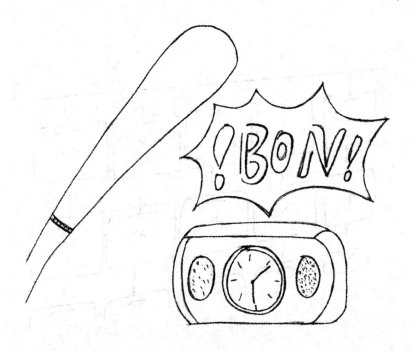

可以当帘子的挂历

一张张的挂历表示一天天的日期，这厚厚的一叠挂历完全可以制成帘子，这样的帘子不仅美观，还有助于从整体上把握每一天，没有一页页翻的麻烦。

注：根据需要制定大小、排满帘子。

这个日历窗帘的设计非常有特色，寓意也很深刻。从整体上把握每一天，也可以作装饰品，很有新意。

（陈芳洁）

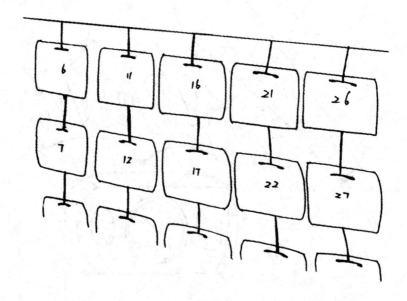

扇中扇

夏天天气炎热，不得不开大风扇除暑，但睡觉时又不能开大风扇，"扇中扇"可助你一臂之力。平时开大风扇吹大风，睡觉时开吹风柔和的小风扇，把大风扇和小风扇结合起来就很方便。

大风扇和小风扇结合起来，不同的场合用不同的风扇，用起来很方便。

（马昊）

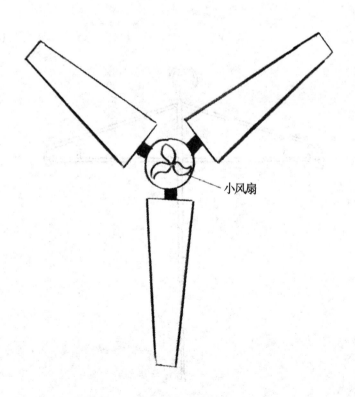

小风扇

伸缩衣架

在平时晾衣服时，自己不够高不能将衣架挂在绳上，不得不找杆子或请个子高的人帮忙。方便衣架，将普通衣架添加上可以伸缩的杆子（如图），既可以加强衣架的牢固性，还可以帮助个子不高的人顺利晾（取）衣服，不用时，将伸缩杆收起，并不占空间。

普通的衣架没有这个伸缩的杆子，用起来不方便，有了这个杆子，就方便多了。

（卞亚敏）

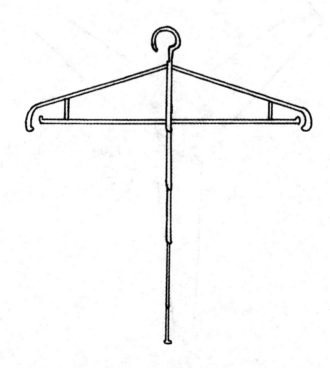

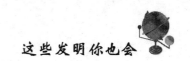

新型手电筒

生活中有很多地方要用到打火机和手电筒，但出门时都带着不方便。我发明一种两者的结合器，外形是手电筒式的，中间可折，打开后，当打火机使用，也可以给手电筒充电，节约能源（这种打火机是防风的），手电筒灯泡内充入稀有气体，可增加亮度，在其侧壁有开关，方便轻巧。

这是一个打火机与手电筒的结合体，兼具二者的功能，而且设计得很细致，独具匠心。

（高绍智）

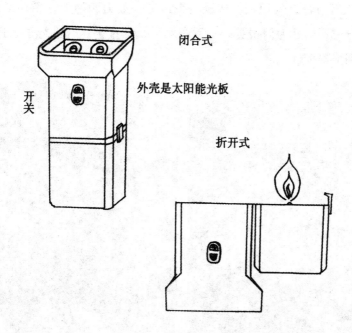

嵌入式分级汽车报警系统

本报警系统是对传统汽车报警装置的完善和补充。因为，传统报警装置对于报警条件的因果关系基本上都考虑得较细致。所以，本演示图板所表现的是整车处于警戒状态，而没有考虑非警戒状态。

报警说明：

本报警系统包括：报警声音的有效识别功能、报警时对汽车油路的锁闭功能、当主电源被破坏备用电源仍然报警工作，解决了一旦主控电源断开报警失灵的弊端。现有的报警器生产厂家，只要把该报警系统加入进去就是一套较完善的汽车报警装置。

（1）报警声音有效识别。传统报警声音一般为四种声音循环重复呼叫，而且车主分辨不出是为何报警。本系统对传统的报警声音进行了改进，分为三级可识别报警声音。

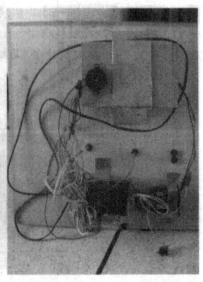

振动传感器：一般对车体的振动和车身的平衡进行报警，发出的声音是低频慢速的报警声。

磁力传感器：一般是对车门非正常开启的报警，发出的声音是中频快速的报警声音。

油门报警器：一般是在非正常点火后，只要一踩油门，发出的一种高频急促的报警声音。

以上报警声音车主只要听到，马上就可分辨出车体是因何报警，同时采取必要的防范措施。

（2）油路锁闭。本报警装置中特别不同于传统报警系统的一项防盗措施是电控磁阀装置。当油门报警器发出报警信号时，中心处理器立刻对安装在发动机的供油系统前端的电控磁阀发出指令——锁闭油路。

（3）双工电源。本报警器对传统报警器的另一改进就是双工报警器电源。当主控电源被切断时，另一备有电源仍可继续工作报警。解决了目前汽车报警器主控电源被切断时，报警器失灵的弊端。

以上报警动作均来源于报警系统的中心处理器，每一个动作的报警都是经过中心处理器的判断识别，然后发出指令进行的。市场已有的报警装置可根据自身报警系统的特点有选择地嵌入本报警系统。

这个发明是针对现在的汽车报警器存在缺陷而设计的。设计一整套的报警系统需要学习很多的知识，问很多的人，制作作品也要花费很多心思，但设计制作成功了，达到了预计的目的，也很有意义。

（于林睿）

双口泡菜瓶

许多人喜欢吃泡菜，对于泡菜罐来说，城市很难找，而且易碎，存放、拿取都不方便。所以我设计了一种小型泡菜瓶，它体积很小，可多泡几瓶来满足需要。其主要特点是该泡菜瓶有上下两个口，可泡两种菜或一头放入，从另一头拿，很方便。

这个双口泡菜坛设计得非常有特色，这种发明的技法叫"双头创造法"，它的定义是：对于只有一个"功能输出端"的器物，如果在它的"功能输出端"的对应位置处再增加一个"功能输出端"，借以加强原有功能效果或形态效果的发挥。举个例子你就明白了：牙签，两头都能用；学生把铅笔的两头都削尖，一支笔就有两支笔的作用了。

（刁子敬）

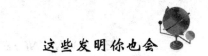

双头锁

有时锁打不开，得砸开，甚至砸都砸不开，很麻烦。这把锁可以从两个方向开（两把钥匙），平时哪头都可以开，一头打不开还有另一头。

这个设计是"双头创造法"的典型应用。

（韩玥）

定时插座

我们常常要给电池等物品充电，充电时间有限制，这给我们带来诸多不便。

工作原理：给定时器设定时间（时间可根据需要而定），定时器控制插座的通电和断电。这样，即使家中无人也可以提前预设充电，不受时间和地点限制。

这个设计实用性非常强。

（韩增奇）

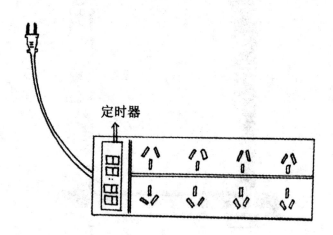

定时器

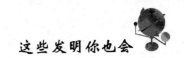
可测重的衣撑

衣撑只能晒衣服，功能非常单调。如果在衣撑上加一个测力器，就可以用来测衣服的重量，也可以测其他一些小物品的重量，还可以测你衣服上的水有多少，提醒节约用水。

很有意思的一个设计，非常有趣。

（韩乃寒）

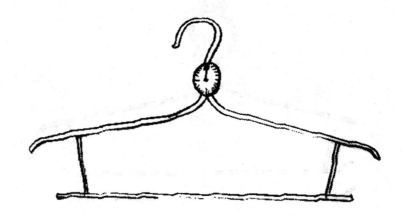

带标签的晾衣架

　　住校生将衣服晾在集体用的绳子上，经常发生丢失、拿错的情况，如果在衣架显眼的地方加一个标签，问题就解决了。

　　一个简单的附加，起到辨别的作用。

（范圣男）

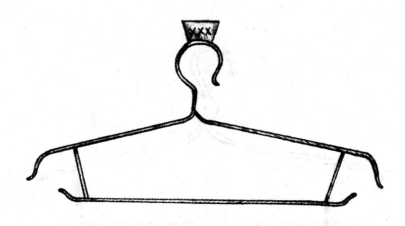

老年人专用酒壶

如今，爱喝点白酒的老年人总要先将白酒烫一烫再喝，因此，可以使用我设计的"老年人专用酒壶"。它由内外两层构成，内层为玻璃材料，外层为不锈钢质地，且连接烧水器。在隔水加热的同时，由于内层是玻璃材料，即使水温较高，白酒在其内层也不至于被烫得太热，以致无法饮用，而烧开的水可以饮用，就像热水壶烧开水一样方便，这样既可以喝到热的白酒，又可以不浪费水。

这个酒壶是专门给老年人设计的，非常有爱心。

（王帅）

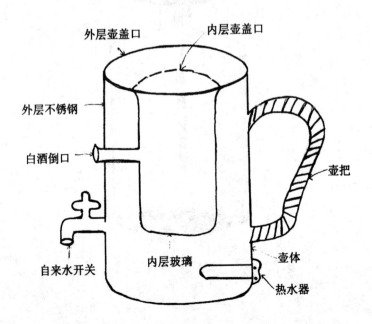

洗衣粉喷壶

人们洗衣服的时候，用袋子或盒子盛洗衣粉，用时容易弄到地上或将水弄到洗衣粉袋里，这种喷壶利用气压原理，将轻的洗衣粉从喷壶中喷出。

这个设计是针对洗衣粉容易弄湿，用起来不方便而设计的，外观很漂亮。

（沙继超）

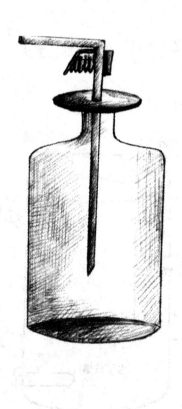

新型钟表

现在的钟表太俗，我发明一种新型钟表，它没有指针，只有圆盘。每个圆盘上有一个长方形的孔，圆盘转动可以从孔中读出时间。

正像这位同学所说的，现在的钟表太俗，才需要创新。生活在进步，生活需要创新。

（鲁帅）

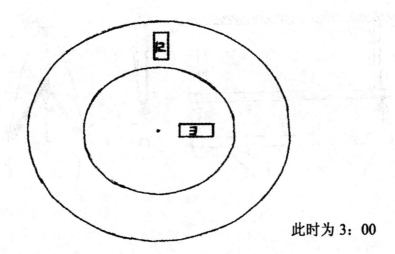

此时为 3：00

防雨晾衣架

该晾衣架有两根金属杆连接，下层晾衣，上层内置温度传感器，当达到一定温度时，上层的两金属杆分开（如图所示），塑料膜从中间拉出，并向下延伸，这样就不再为下雨而忘记收衣服而担心了。

这个设计实用性很强，内涵也很丰富。

（苏冠群）

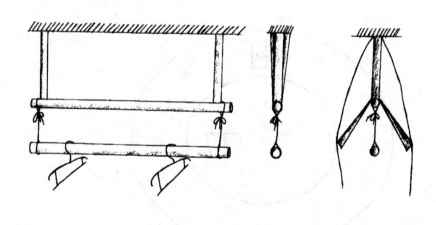

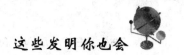

折叠式双拐（带灯）

　　双拐比较长，携带起来不方便，可以将双拐改造成折叠式，方便携带。同时带灯，在夜晚使用时，能起到照明作用。

　　这个双拐是通过折叠而达到携带方便的目的，是"缩小法"的运用。

（孙珊珊）

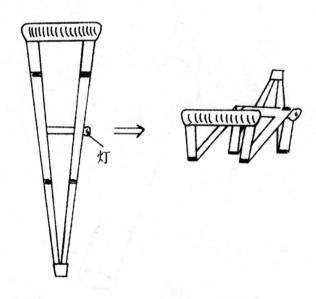

灯

新式 "羊角锤"

"羊角锤" 可以用来拔钉子，砸钉子，可拔出来的钉子和要砸的钉子往哪放呢？不如用这样的羊角锤，可以将钉子放在锤子把手处，避免丢失。

这个设计是把锤头的功能又增加了一项，解决了钉子没处放的难题。

（侯慧君）

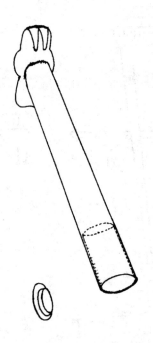

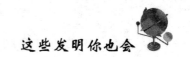
双头脸盆

　　洗衣服的时候，衣服多少不同，所需要的脸盆大小也不同，我设计将大小不同的两个脸盆连在一起，在使用一个时，另一个可起到支撑的作用。

　　这个设计是"双头创造法"的应用。

（董学）

伸缩式手电筒

　　黑夜中走路，有时会遇到坏人，所以我设计了能防身的手电筒。这个手电筒两头都有灯泡，灯泡防震性非常好，筒是用不锈钢做成的，内部有较长的电线和两节电池。伸长后，电线伸长，灯泡仍可以亮；伸长后，大约有1米长，可以与坏人搏斗。

　　这个手电筒设计得非常有特色，可以照明，也能防身。

（宋士超）

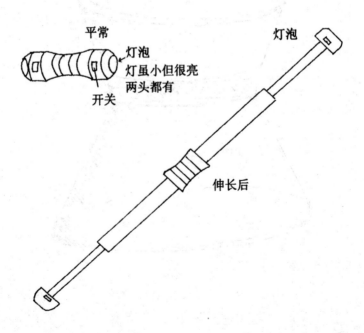

平常

灯泡
灯虽小但很亮
两头都有

开关

灯泡

伸长后

照明螺丝刀

在螺丝刀刀柄前设置三个微型灯泡，采用电池供电，灯光直射刀具前端。电路可采用串联双控制开关装置，刀把上一个普通推拉开关，控制电路的断开、闭合。另外，前端金属刀头根部有一个压敏电阻，使用时由于压力作用电阻减小，灯亮；不用时，没有压力，即使打开开关，灯也不亮，可以有效减少电源的浪费。

晚上用螺丝刀拧螺丝时，看不见，很麻烦。这个设计实际上是螺丝刀与灯的一个结合，二者的功能形成互补，使用更方便。

（王聿专）

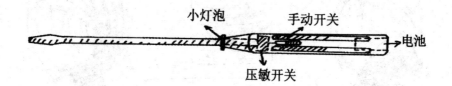

小灯泡　手动开关　电池　压敏开关

线轴组合桌椅

这是什么？线轴？——它们是超可爱的桌椅！

这个组合桌椅最大的特色是它的外观设计不拘一格。

（刘锦）

健康矫正椅

许多人特别是青少年学生在上网玩电脑时，会不由自主地弯下腰，从而使眼睛离电脑很近，不仅使眼睛近视，还会使脊椎变形，不利于青少年的成长发育。而用了我这款椅子就可以很好地解决这个问题，它后背上有两根皮带可将身体固定在座椅上，靠背顶端是按摩枕头，累了时可将头枕在上边放松。轮子起移动作用，弹簧支架可以使椅子前后在45°范围内摆动，可升降支撑以调节高度，这样就可以一边矫正姿势、一边娱乐两不误。我设计的椅子不仅仅可以在上网的时候用，在看书、学习、休闲时都可以达到令人满意的效果。

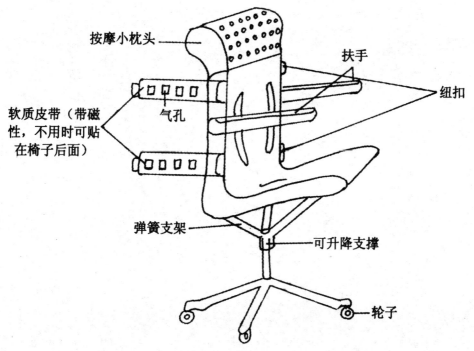

按摩小枕头

扶手

纽扣

软质皮带（带磁性，不用时可贴在椅子后面）

气孔

弹簧支架

可升降支撑

轮子

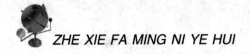

这个设计实用性很强，从中也可以看出来设计者敏锐的观察力和创新能力。

（韩庆涛）

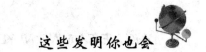

情侣脸盆

　　我设计的情侣脸盆形状多样，合并起来就是一个特别的图案，也可分开单独使用。

　　这个脸盆的设计可分可合，而且寓意丰富。

（张洋）

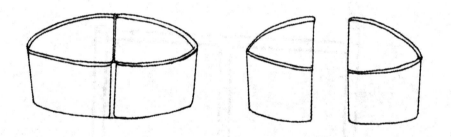

情侣车锁

现在情侣产品有很多，比如，情侣自行车、情侣电动车等。都是两辆长相差不多的车子。因此，需要一把情侣车锁将这两辆车子锁在一起。

这个设计虽然不大，但是非常巧妙，内涵很丰富。

（王富彬）

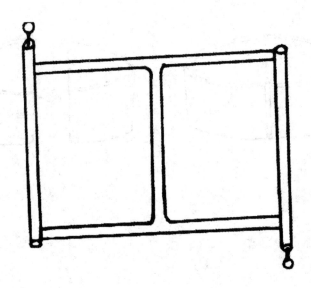

便拔插头

　　生活中我们经常要用到插头，但有时插头与插座咬合过紧，致使拔出的时候要两手并用，甚至会相当费力。所以，为了更加方便生活，我想到了设计一款可以很容易就拔出来的"便拔插头"。

　　创意是由弹簧刀的灵感得出的，只需要在插头内部装入一个可以推拉的小插杆即可。在插入的时候，插杆是被推进插头内部的；而想要将插头拔出的时候，就可以把插杆推出，这样，插杆抵在插座的外壳上，将插头从插座

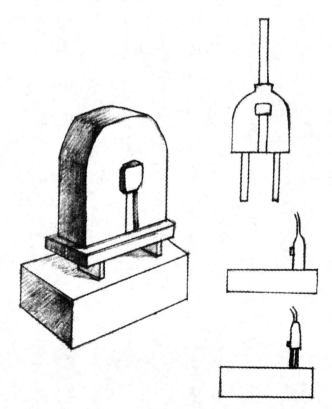

内顶出。这样一个简单的构造，就可以使我们完成单手、轻松拔出插头的动作了。

作者采用了一个杠杆的原理，可以很轻松地单手将插头拔出来。

（李贵玥）

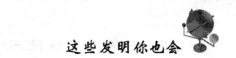

多功能柑橙剥皮器

本剥皮器是一种剥柑橙专用工具，它是利用手柄口的剥皮刀组合，将柑橙皮一片片剥下，划皮、剥皮同时完成，方便、快速且卫生。

这是很实用的一个设计。

（赵赫）

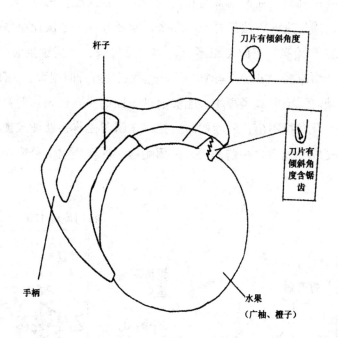

杆子

刀片有倾斜角度

刀片有倾斜角度含锯齿

手柄

水果
（广柚、橙子）

超新型门锁

选题目的：现今，科技日益进步，门锁的种类也在不断增多，安全性不断增强，但成本却比较高，更可恨的是小偷的开锁技术也在不断进步，使我们防不胜防。

研究思路：认真分析这一问题，究竟为什么小偷能够开锁，就是因为他们有"机会"接触到锁，如果能把这一环节给去掉，安全性不就上来了吗？怎么办呢？我观察到现在的锁都是在门的外面，主人能接触到锁，小偷同样能接触到锁，用先进的方法打开锁。那么，能否有一种办法让小偷接触不到锁但主人能打开锁呢？正向思维不行，那就反过来，将门锁反装在门里面，那样钥匙就必须改变，根据"雨伞"的设计特点：打开时很大，关闭时很小，当钥匙来开锁时，横向直径很小，能够通过正面的小孔进入。但打开后，横向直径变大，此时拉不出，就借此向后拉，在门背面将钥匙插入锁槽中，然后通过转动完成开锁后再往前用力，关闭钥匙，这样横向直径变小，拉出钥匙即可。

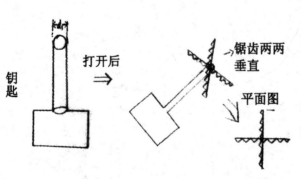

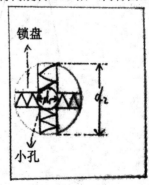

将门旋转180°后（门背面）

经过如此改装后，即便小偷有再高的开锁技术，因为没有机会接触到（手不能通过）、也看不到锁的正面，就无法开锁，这样就使锁的安全性大大增强，同时成本也不是很高，只需将传统的锁稍加变形和一把特殊的钥匙。同时，还可以在门外小孔处加一挡板增强安全性，门内锁槽也可以是一槽、二槽、三槽、四槽，以至多槽，这可以根据用途而控制锁的做法和成本。

作品设计及使用：本创意要有一把特殊的钥匙（能打开）和特殊的锁及锁盘（可转动打开门）。钥匙采用"雨伞"的设计特点，其闭合和打开时的横向直径不同（d打开$>d$闭合），且分 A、B、C、D 型锁槽与 A、B、C、D 型锁锯齿相对应，在门外留一很小的孔，这一小孔只能允许钥匙闭合时通过。也可在外部小孔处加一可推拉的挡板增加安全性。

开锁原理：钥匙处于闭合状态→按一定顺序（如加"点"表示）深入小孔→打开钥匙→向后拉→对应锯齿插入对应锁槽中→转动，开锁打开门→向后用力→使锯齿脱离锁槽→在门中闭合钥匙（这里是不能用手的，要事先设计一个机关，一触发就会自动恢复闭合状态）→抽出钥匙，完成开锁行为。

这个设计是"逆向思维"的成功运用，设计得非常有特色。

（郭梁）